# アルゴリズムの絵本

［アルゴリズムの絵本 第2版］

## プログラミングが好きになる新しい9つの扉

（株）アンク

# 本書内容に関するお問い合わせについて

このたびは翔泳社の書籍をお買い上げいただき、誠にありがとうございます。弊社では、読者の皆様からのお問い合わせに適切に対応させていただくため、以下のガイドラインへのご協力をお願い致しております。下記項目をお読みいただき、手順に従ってお問い合わせください。

### ●ご質問される前に

弊社Webサイトの「正誤表」をご参照ください。これまでに判明した正誤や追加情報を掲載しています。

正誤表　https://www.shoeisha.co.jp/book/errata/

### ●ご質問方法

弊社Webサイトの「刊行物Q&A」をご利用ください。

刊行物Q&A　https://www.shoeisha.co.jp/book/qa/

インターネットをご利用でない場合は、FAXまたは郵便にて、下記"翔泳社 愛読者サービスセンター"までお問い合わせください。
電話でのご質問は、お受けしておりません。

### ●回答について

回答は、ご質問いただいた手段によってご返事申し上げます。ご質問の内容によっては、回答に数日ないしはそれ以上の期間を要する場合があります。

### ●ご質問に際してのご注意

本書の対象を越えるもの、記述個所を特定されないもの、また読者固有の環境に起因するご質問等にはお答えできませんので、あらかじめご了承ください。

### ●郵便物送付先およびFAX番号

送付先住所　〒160-0006　東京都新宿区舟町5
FAX番号　03-5362-3818
宛先　（株）翔泳社 愛読者サービスセンター

※本書に記載されたURL等は予告なく変更される場合があります。
※本書の出版にあたっては正確な記述につとめましたが、著者や出版社などのいずれも、本書の内容に対してなんらかの保証をするものではなく、内容やサンプルに基づくいかなる運用結果に関してもいっさいの責任を負いません。
※本書に掲載されているサンプルプログラムやスクリプト、および実行結果を記した画面イメージなどは、特定の設定に基づいた環境にて再現される一例です。

※本書に記載されている会社名、製品名はそれぞれ各社の商標および登録商標です。

# はじめに

あなたは「プログラムを作れますか？」と聞かれたら、どう答えるでしょう。「まあまあ」とでも答えられれば、ごく簡単なプログラムぐらいは作れるのだと思います。でも、プログラミングをはじめて間もない人からは、「どこから手を付けていいのかさっぱりわからない」とか、「難しくてあきらめました」という声をよく聞きます。プログラムの意味は理解できても、それを応用して自分なりのプログラムを作ることには、かなり多くの人がつまずいているようです。本書はそんなプログラミング１年生の方に向けて、プログラムを作る際のアプローチの仕方と初歩的なアルゴリズムについて解説した入門書です。

タイトルにある「アルゴリズム」というのは、簡単にいうと「プログラムを作るときの考え方」のことです。普通「アルゴリズムの本」といえば、数を並び替えたり、複雑な数学的計算により結果を求めていったりする、高度なロジックを解説した書籍がほとんどです。本書はそういう意味では、ちょっと変わり種です。たしかにそのようなトピックも最後のほうに出てくるのですが、どちらかというとその手前の、「プログラムをいかにして組み立てて思いどおりに動かすか」を重点的に解説しています。

特に、頭に浮かんだモヤモヤしたものをプログラムに直す際のアイデアや、ちょっと大きくて複雑なプログラムを作るときの取り組み方について、イラストや図をふんだんに使って丁寧に解説しています。

最初の『アルゴリズムの絵本』が世に出てから15年、みなさまのご愛顧のおかげで、このたび第２版をお届けできることになりました。第２版では、レイアウトや解説をより見やすくわかりやすくしたほか、最新の開発環境の情報についても追加記載しました。

プログラミング言語を覚え、プログラミングのスキルを身につけ、自分だけのプログラムを作り出し、コンピュータを意のままに動かす—たしかに苦労も多いですが、それだけにうまくいったときの喜びは格別です。本書を読んでプログラミングの楽しさを少しでも感じてもらえれば幸いです。

2018年12月　著者記す

## ≫本書の特徴

●本書は見開き 2 ページで 1 つの話題を完結させ、イメージがバラバラにならないように配慮しています。また、あとで必要な部分を探すのにも有効にお使いいただけます。

●原則として見開きの部分に載せているソースコードは、要点部分のみで、章末に完全なプログラムを掲載しています。なお、本書の解説とサンプルの多くは、Microsoft Windows 10 上で Visual Studio 2017 を使って開発することを前提にしています(本書で紹介しているサンプルは標準の C 言語の文法に準拠しているため、Visual Studio 2017 でコンパイルした場合、一部安全面での警告が出ることがありますが、実行には支障はありません)。

●本書は実際のプログラミング言語として C 言語を採用しています。C 言語の文法については、本書の第 1 章で簡単に説明していますが、『C の絵本 第 2 版』(翔泳社刊)と併せて読んでいただければ、掲載したプログラムの意味をより深く理解してもらえるかと思います。

## ≫対象読者

本書は、アルゴリズムをこれから学ぶ方はもちろん、一度挑戦したけれども挫折してしまったという方や、アルゴリズムを知らずにプログラムを始めたけれどあらためて基本を確認したいという方にもお勧めします。

## ≫表記について

本書は以下のような約束で書かれています。

**【例と実行結果】**

プログラミングで入力する内容

例

```
#include <stdio.h>

int main(int argc, char *argv[])
{
        printf("Hello World!¥n");
        return 0;
}
```

実際の画面に表示される内容

**【書体】**

**ゴシック体**:重要な単語

`List Font`:C 言語のプログラミングに実際に用いられる文や単語

**`List Font`**:`List Font` の中でも重要なポイント

**【その他】**

●本文中の用語に振り仮名を振ってありますが、あくまで一例であり、異なる読み方をする場合があります。

●コンピュータや各種アプリケーション上で表示される内容などは、利用する環境によって異なることがあります。

# Contents

# アルゴリズムの勉強を はじめる前に

## アルゴリズムとは何か

まず、本書の題名にもなっている**アルゴリズム**とは何でしょうか？アルゴリズムとは、コンピュータの用語で、「プログラムで何か処理をさせて結果を得るときの手順や考え方」のことです。

アルゴリズムを深く知るために、プログラムの話から始めたいと思います。**プログラム**は、コンピュータの専門用語と思う人もいるかもしれませんが、一般的には、催し物における出し物の順序や、テレビの番組表のようなものをいいます。つまり、プログラムは順序だって進むものごと全般を表す言葉なのです。一方、コンピュータの世界で「プログラム」とは、コンピュータに与える命令の集まりのことです。そして、コンピュータは「プログラム」という手順書を基に、処理を行う機械なのです。コンピュータの内部では、プログラムは通常、**メモリ**（記憶装置）というところに保存されており、**プロセッサ**（処理装置）という機械が、その内容を判別して実行していきます。メモリに記録される命令は、プロセッサの言葉（機械語）で書かれており、一見ただの数字の羅列にしか見えません。そこで、人間が判読しやすい文に対応させます。このような命令を表す数字や文のことを**コード**といいます。

さて、コンピュータが手順書に書かれた命令を最初から順番に実行していくだけのものでしたら、それほどありがたみはありません。コンピュータは、メモリに格納されている情報などによって、プログラムの流れ（**フロー**）を変えられます。つまり、プログラムに条件分岐のコードを書いておき、条件が成り立てばAの処理、成り立たなければBの処理を実行するようにできるのです。

分岐は単純な処理の変化ですが、これを組み合わせて使えばいろいろなことができるようになります。このように、目的の結果が得られるように、コードを組み合わせていくことを**プログラミング**または、**コーディング**などといいます。

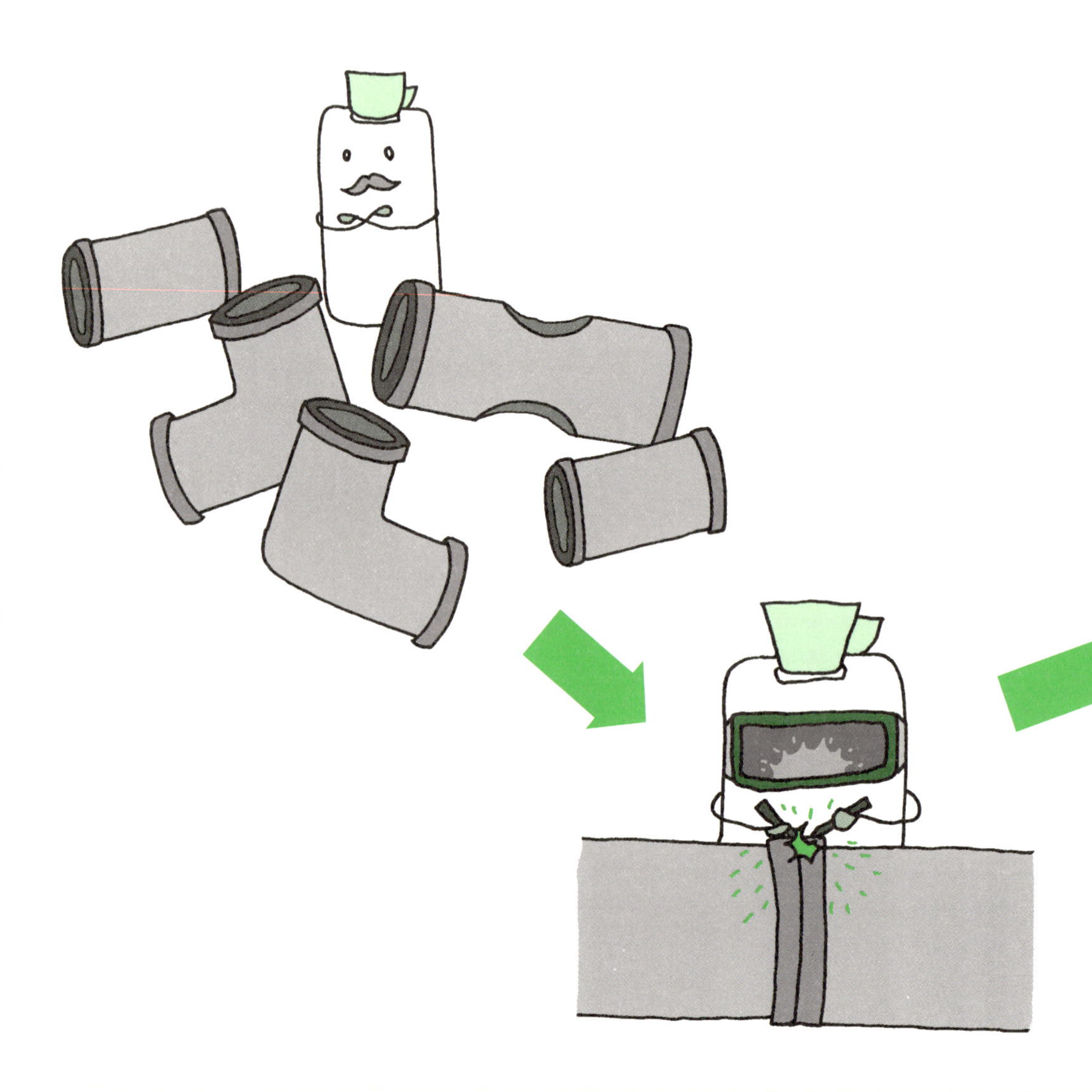

プログラムの流れはよく水の流れに例えられます。プログラミングとは、「水が期待どおりに流れるような道筋を作ること」というわけです。そしてアルゴリズムは、この水の道筋の設計の仕方といえます。普通、結果を得るための方法はひとつではなく、結果が正しければ、どれも正しいアルゴリズムです。しかし、10 秒で結果が出るアルゴリズムと 1 分で結果が出るアルゴリズムでは、前者のほうがよりよいアルゴリズムといえるでしょう。昔から、プログラマや数学者などは、少ない手順で、高速で、メモリをあまり使わないアルゴリズムを目指して、いろいろなアルゴリズムを考え出してきました。本書の後半では、それらの一部を紹介しています。

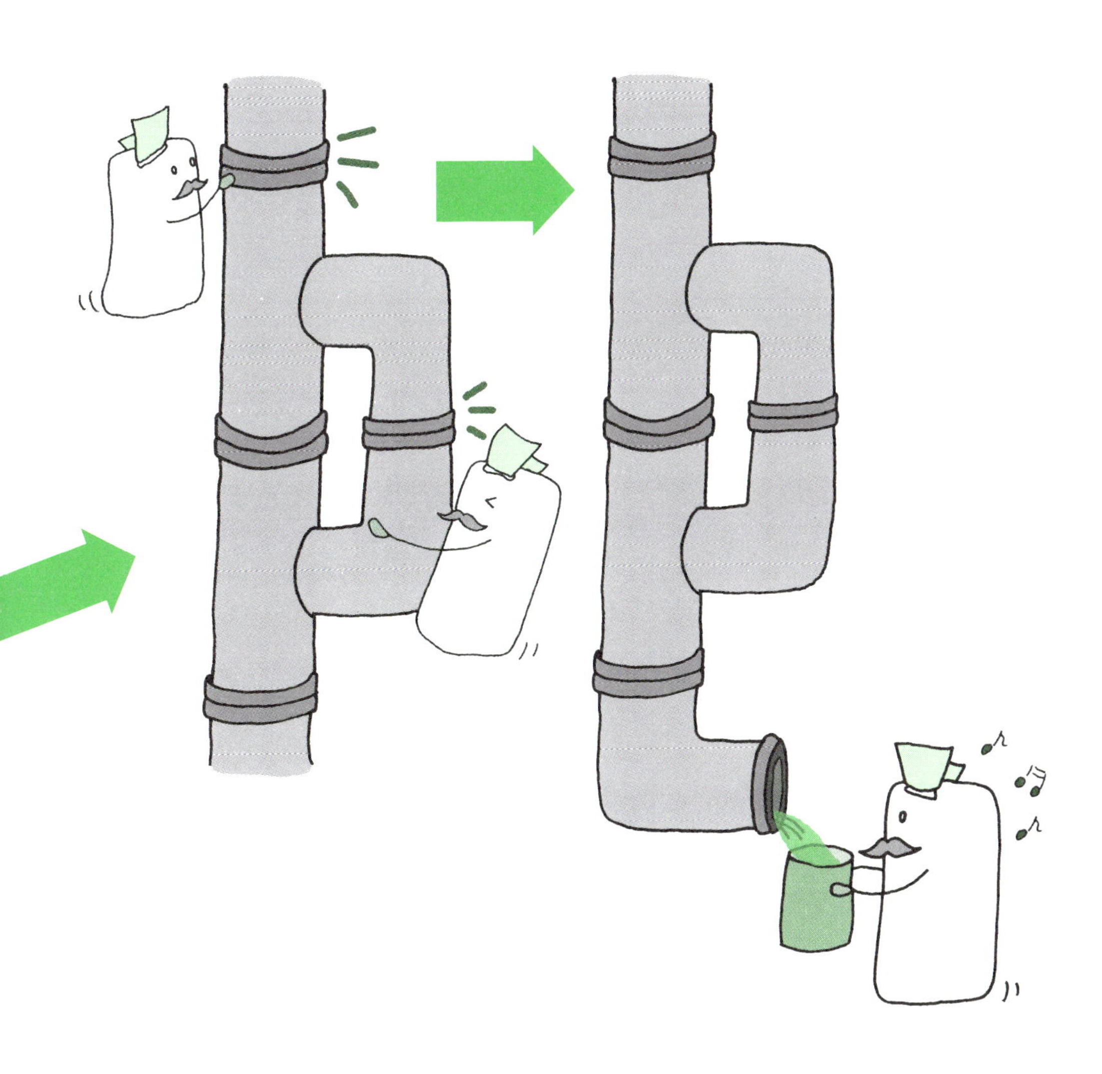

## プログラムができるまで

プログラム作りに関わる人たちは、完成するまでの間にどんなことをし、どんなことを考えているのでしょうか。個人での小さい規模の開発と、仕事での少し大きめの開発の現場をちょっとだけのぞいてみましょう。

**個人で小さいプログラムを作るとき**

**企画**

こんなプログラムがあればいいなと思ったら、機能を具体的に考えてみます。

**設計**

どのように作ればよいか、設計を考えます。技術的に不安なことは調べておきます。

**コーディング**

どのようなアルゴリズムで作ればよいか考えながら、コーディングを進めます。

**試験・デバッグ**

ある程度できたら実行してみます。ちゃんと動くまでデバッグしましょう。

**ドキュメント作成**

必要ならヘルプや説明書を作ります。

**完成**

完成です。インターネットで公開してみんなに使ってもらうのもよいでしょう。

### 仕事で大きめのプログラムを作るとき

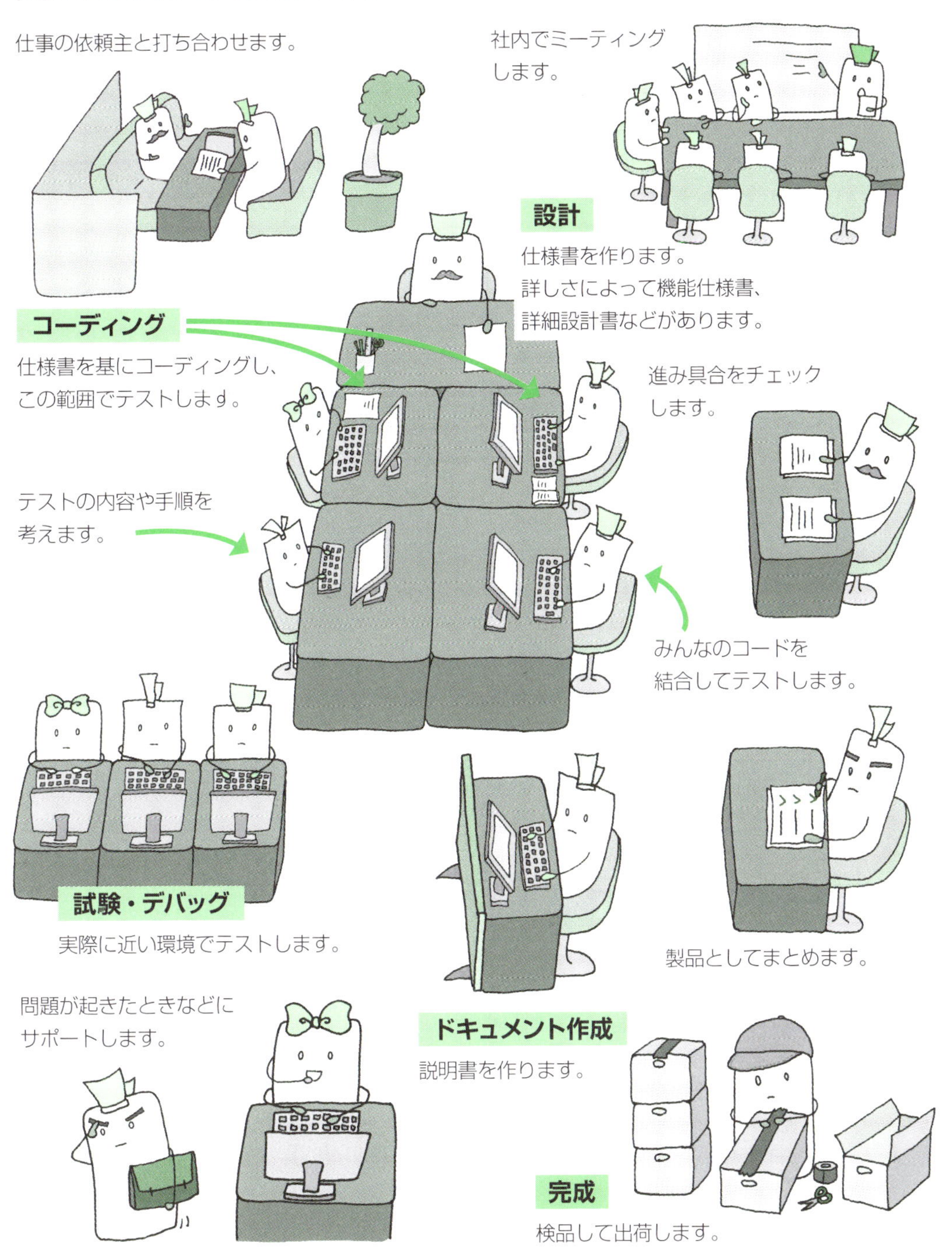

## フローチャート

フローチャートはプログラムの流れを図表化したものです。フローチャートを用いることで、アルゴリズムが理解しやすくなります。なお、記号の種類と書き方は、JIS（日本工業規格）によって決められています。本書では、後半に入るとフローチャートを使ってアルゴリズムを記述するので、ここで紹介しておきます。

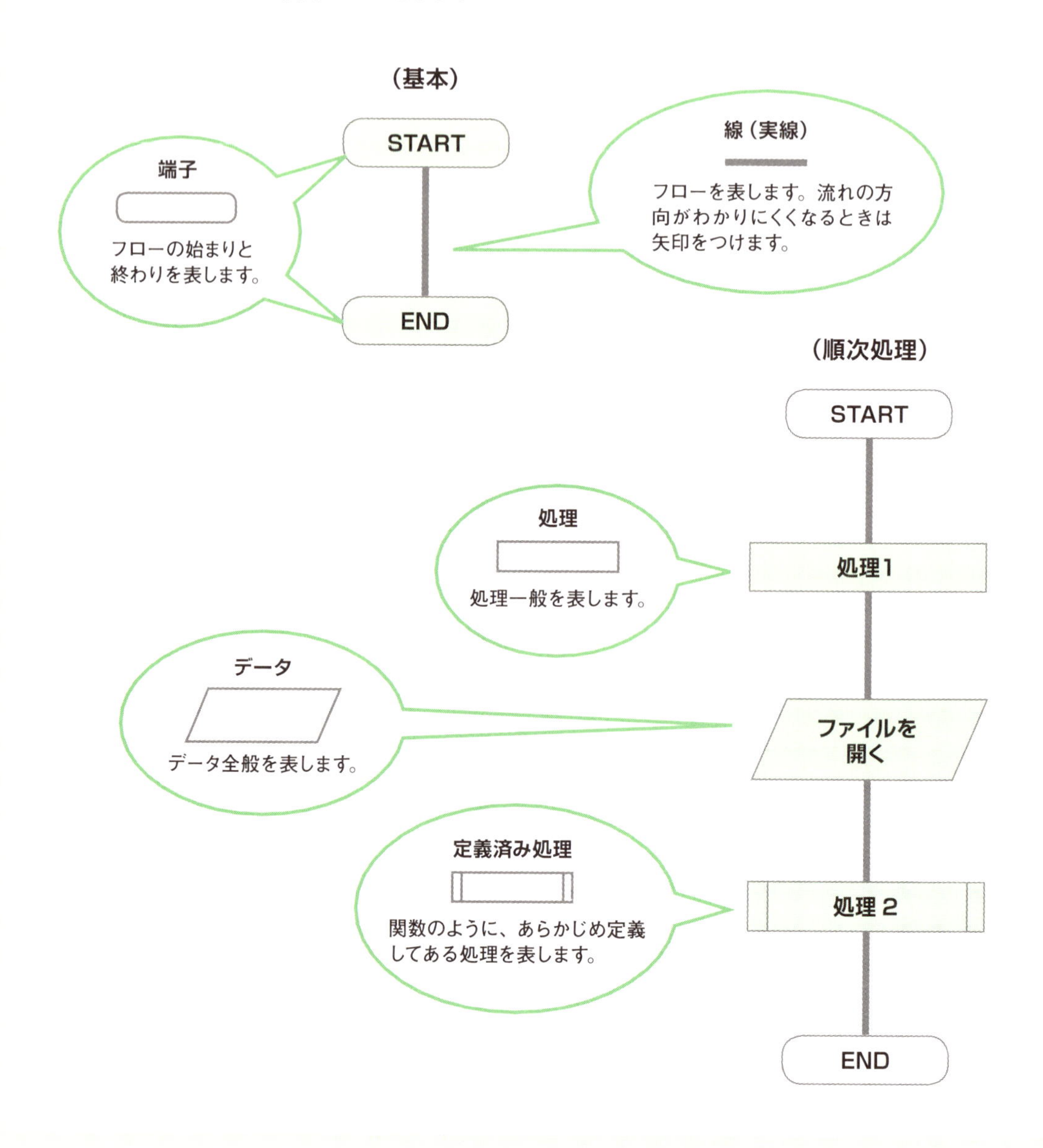

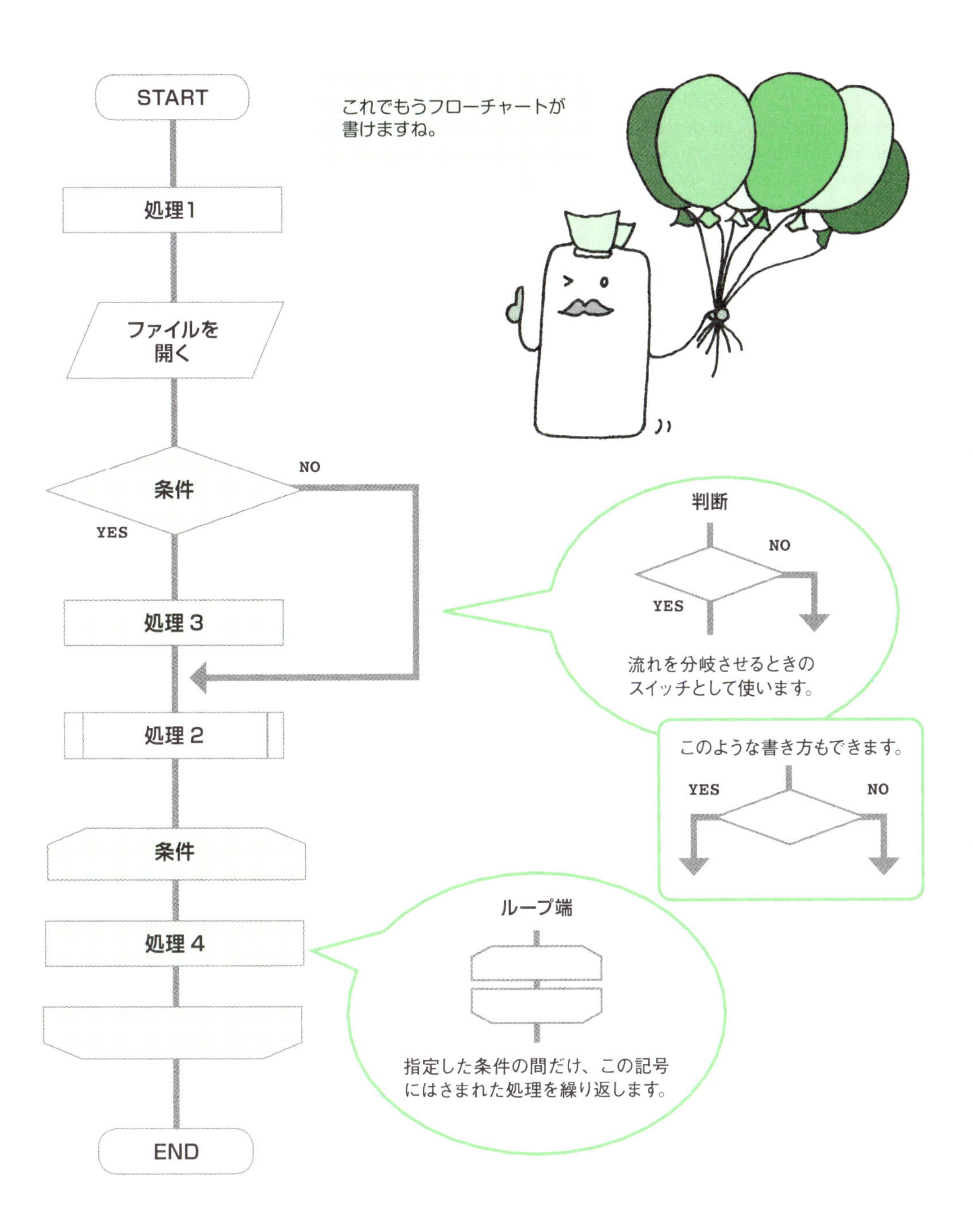
START
処理1
ファイルを
開く
条件
NO
YES
処理 3
処理 2
条件
処理 4
END
これでもうフローチャートが
書けますね。
判断
NO
YES
流れを分岐させるときの
スイッチとして使います。
このような書き方もできます。
YES
NO
ループ端
指定した条件の間だけ、この記号
にはさまれた処理を繰り返します。

フローチャートの記号は、次表のようになっています。本書では説明を簡単にするため、**処理**と**判断**、**ループ端**、**線**、**破線**の５つのみを使うことにします。

| | | 名称・記号 | 説明 |
|---|---|---|---|
| 処理記号 | 基本処理記号 | **処理**<br>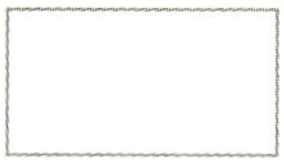 | 処理一般を表します。 |
| 処理記号 | 個別処理記号 | **判断**<br>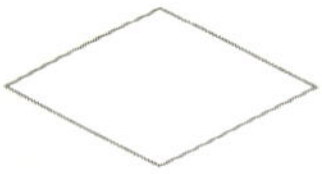 | 流れを分岐させるときに使います。 |
| 処理記号 | 個別処理記号 | **ループ端**<br>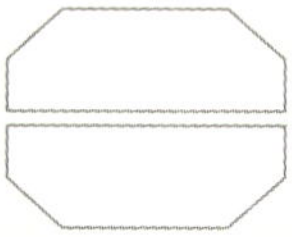 | 上下の組で使って、繰り返し処理の始まりと終わりを表します。ループ端にはさまれた処理を繰り返します。 |
| 処理記号 | 個別処理記号 | **準備**<br> | 初期設定などを表します。 |
| 処理記号 | 個別処理記号 | **手作業**<br>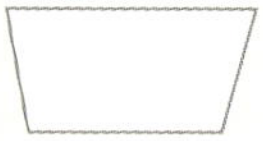 | 人の手による任意の処理を表します。キーボードをひっくり返したイメージです。 |
| 処理記号 | 個別処理記号 | **定義済み処理**<br>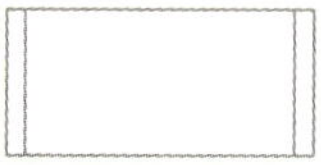 | 自作の関数やモジュール（プログラムの部品）など、別の場所で定義された１つ以上の演算や関数でできた処理を表します。 |
| 処理記号 | 個別処理記号 | **並列処理** | ２つ以上の並行した処理を同時に行うことを表します。 |
| 線記号（注1） | 基本線記号 | **線** | フローを表します。流れがわかりにくいときは矢印をつけます。 |
| 線記号（注1） | 個別線記号 | **破線** | ２つ以上の記号の間の択一的な関係を表します。また、注釈の対象範囲を囲むのにも使えます。 |

注 1：他に、ネットワークや制御の移行を示す記号があります。

| | | 名称・記号 | 説明 |
|---|---|---|---|
| データ記号 | 基本データ記号 | データ  | データ全般を表します。 |
| | | 記憶データ  | 処理に適したかたちで記憶されているデータを表します。 |
| | 個別データ記号 | 内部記憶 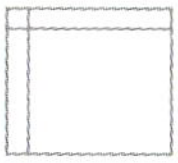 | 内部記憶（メモリなど）を媒体とするデータを表します。 |
| | | 直接アクセス記憶  | 直接アクセス可能なデータを表します。磁気ディスク、磁気ドラムなどがあります。 |
| | | 順次アクセス記憶  | 順次アクセスだけが可能なデータを表します。磁気テープなど、前に戻るには巻き戻す必要がある装置のことです。 |
| | | 手操作入力  | キーボード入力やバーコード入力など、手で操作して入力するデータを表します。 |
| | | 書類 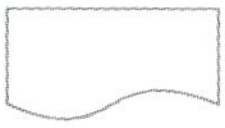 | 印刷物など、人間が読むことができるデータのことです。 |
| | | 表示 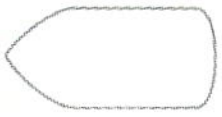 | ディスプレイなどに表示されるデータのことです。横から見たディスプレイのような形です。 |
| | | カード  | 厚くて硬い紙でできた昔の記憶媒体です。穴の位置がデータを表します。表裏を区別するために左上の角が切られていました。 |
| | | せん孔テープ  | データを穴の位置で示したテープです。昔のコンピュータはこのテープで計算結果を入力・出力しました。 |
| 特殊記号(注2) | | 端子  | 記号の中にSTARTとENDを入れて、プログラムの流れの始まりと終わりを表します。 |
| | | 結合子  | 同じ流れ図の他の部分への出口、または入り口を表します。同じ名前の結合子が対応します。 |

注2：他に、注釈や省略を示す記号があります。

## C言語について

本書では、実際にプログラムを作りながら、プログラミングとアルゴリズムの基礎を学んでいきます。プログラミングにはC言語を利用することにします。ここで、C言語について紹介しておきましょう。

C言語はプログラミング言語の中でも、代表的なもののひとつです。他のプログラミング言語に比べ、プログラムの流れを細かく指定できるので、アルゴリズムを学ぶのに適しています。また、C言語を元に作られたプログラミング言語も多く、C言語のプログラミングができるようになれば、きっと他のプログラミング言語でも難なく応用ができるでしょう。

C言語のプログラムは、基本的にWindows PowerShellやUNIXなどのCUI(キャラクターユーザーインターフェイス)の環境で動きます。WindowsなどのGUI(グラフィカルユーザーインターフェイス)の環境では、コマンドプロンプト（DOSプロンプト）を起動し、その中で実行します。

GUI

画面上にウィンドウやアイコン、ボタンなどの表示があり、マウスなどで操作する

CUI

文字のみの画面(コンソール画面)で、キーボードからコマンドを入力して操作する

GUIのプログラムは、開発キットを入手して、独自の作り方を覚えれば作ることができます。しかし、本書では「プログラムを作る」「アルゴリズムを組み立てる」ということに主眼を置いていますので、CUIのシンプルなプログラムで話を進めることにします。見た目は変わっても、プログラムを作るときの考え方は、GUIもCUIも同じです。

# プログラミングから実行までの流れ

C言語でプログラミングを行うには、C言語を記述するための**テキストエディタ**（たとえば、Windows付属のメモ帳など）と、記述したファイルをコンピュータがわかる言葉（機械語）に変換するための**コンパイラ**が必要です。エディタとコンパイラがセットになったソフト（Microsoft Visual Studioなど）もあります。本書の付録では、Microsoft Visual Studio 2017のダウンロードからインストール、簡単な使い方を紹介しています。

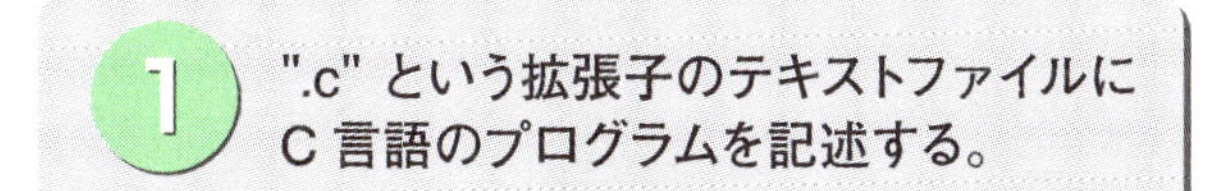


テキストエディタに記述したプログラムを**ソースプログラム**、そのファイルを**ソースファイル**といいます。

コンパイルしてできたファイルを**オブジェクトファイル**といいます。

リンクとはプログラム実行に必要なファイルを結合することです。リンクが成功すると実行可能ファイルができます。

# プログラム記述時の約束

正常に動くプログラムを作るには、次の約束を守って記述してください。

## 原則として半角で記述する

日本語対応のコンパイラを使用した場合、コメントおよび" "（ダブルクォーテーション）内は全角での記述が可能です。

## 半角カナは使わない

" "の中でも使用しないことをお勧めします。

## 全角スペースの使用に注意する

" "の外に書くとエラーになります。発見しにくいので要注意です。

## 小文字と大文字を区別して書く

たとえば `if` と `IF` はまったく別のものです。

## コメントは /* と */ でくくる

プログラムに反映したくない説明的な記述を `/* */` の中に書けます。

## 予約語に気をつける

予約語はコンパイラが使用するキーワードです。
それぞれの持つ働き以外の目的で使用することはできません。

### 予約語一覧

| | | | |
|---|---|---|---|
| auto | default | float | static |
| continue | extern | long | unsigned |
| enum | int | sizeof | const |
| if | signed | union | else |
| short | typedef | char | goto |
| switch | while | double | return |
| volatile | case | for | struct |
| break | do | register | void |

1
C言語の基礎
C

## C言語を知ろう

本書では、C 言語を使ってアルゴリズムについて学んでいきます。そこで、第 1 章ではC言語の基本的な知識を、本書で使用する内容を中心に学習します。あくまで、要点のみを集めた構成になっているので、これから本格的に C 言語を学びたいという方は、『C の絵本 第 2 版』（翔泳社刊）などの入門書で学習しましょう。

第 1 章では、まず「Hello World!」という文字を表示させるプログラムを作ります。そして、それを見ながら C 言語プログラムのおおまかな構造を紹介します。C 言語では、「一連の処理をまとめたもの」のことを関数といいますが、ここでは文字を表示する働きを持つ **`printf()`**（プリントエフ）という**関数**を使用します。最後に ( ) がつく場合は、それが関数であることを表していると覚えておきましょう。

続いて、これらの関数などの処理を **`main()`**（メイン）という関数の中に書いていきます。`main()` 関数は、プログラムの開始地点（エントリポイント）であり、コマンドプロンプトなどからプログラムを起動すると、`main()` 関数の処理が最初に実行されます。

C 言語は関数の集まりでできています。関数については、その活用の方法とともに第 4 章で詳しく解説することにします。

## C言語の基礎知識

全体的な枠組みを理解したら、詳細な言語仕様を見ていくことにします。

C言語では、値（文字や数字）を**変数**と呼ばれる箱に格納して使います。変数を使うときは、あらかじめ入れるものの種類（書式）や大きさ（型）を決めておく必要があり、これを「**変数を宣言する**」といいます。他にも、いくつかの変数を組み合わせた**配列**や、変わったところでは、変数のある場所（アドレス）を値として格納できる**ポインタ**というものなどがあります。

また、値を計算するときには演算子と呼ばれる特殊な記号を使います。演算子には、「+（足す）」「−（引く）」など算数でもおなじみのものから、「%（割った余り）」「+=（足して代入）」など見慣れないものまで多数あります。これらのように計算を行う演算子を**算術演算子**といいます。この他にも2つ以上の値を比較するときに使う**比較演算子**や、2つ以上の条件を組み合わせて新しい条件を作る**論理演算子**などもあります。

プログラミングを学ぶには、まずその言語を知ることが大切です。この章で基礎知識を身につけ、これから始まるプログラミングの旅に備えましょう。

# Hello World!

**最初に、プログラムの基本的な書き方や、画面への文字列の表示方法について見ていきましょう。**

## プログラムを作る

一番簡単なC言語のプログラムは次のようなものです。このプログラムを実行すると、「Hello」と「World!」という文字列を画面に表示します。

**例**

```
#include <stdio.h>

int main(int argc, char *argv[])
{
    printf("Hello¥nWorld!¥n");
    return 0;
}
```

#include <stdio.h> ← printf()を使うために必要です。

printf("Hello¥nWorld!¥n"); ← 文字列を表示します。

**実行結果**

```
Hello
World!
```

### ≫プログラムの基本形

C言語のプログラムの基本形は次のようになります。

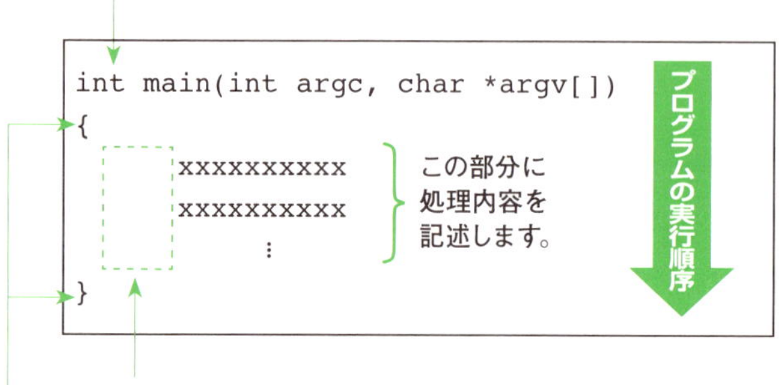


**字下げ**
[Tab]キーを入力し、行の先頭を右にずらして見やすくすることです。

{と}ではさまれた部分はプログラムのひとかたまり（ブロック→ P. 34）を表します。

main()関数がないと、コンパイルや実行ができません。

# 文字列の表示

C 言語のプログラムで文字列を表示するには、printf()（プリントエフ）関数を使います。

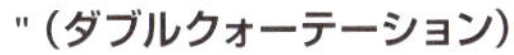

**"（ダブルクォーテーション）**
" と " ではさまれたものは文字列を表します。

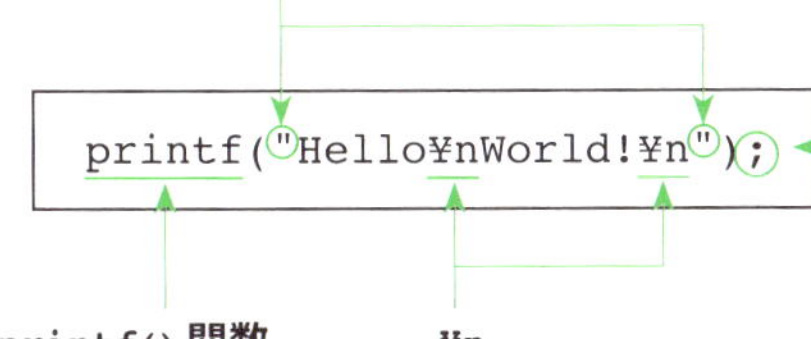


**;（セミコロン）**
ここまでが1つの文であることを表す記号です。

「;」は日本語の句点「。」のようなものです。

**printf() 関数**
() の中の文字列を画面に表示します。

**¥n**
改行を表します。¥n のような、¥（エスケープ文字）で始まる2文字のことを**エスケープシーケンス**といいます。これらの文字は画面上に表示されず、次のように特殊な動作を表します。

| エスケープシーケンス | 働き |
|---|---|
| ¥0 | ヌル文字 (NULL) |
| ¥b | バックスペース (BS) |
| ¥t | タブ (TAB) |
| ¥n | 改行 (LF) |
| ¥r | 復帰 (CR) |
| ¥" | 「"」を表示 |
| ¥' | 「'」を表示 |
| ¥¥ | 「¥」を表示 |

¥自身を表示させたいときは¥¥と書きます。

次に文字列を表示するときは、ここから始まります。

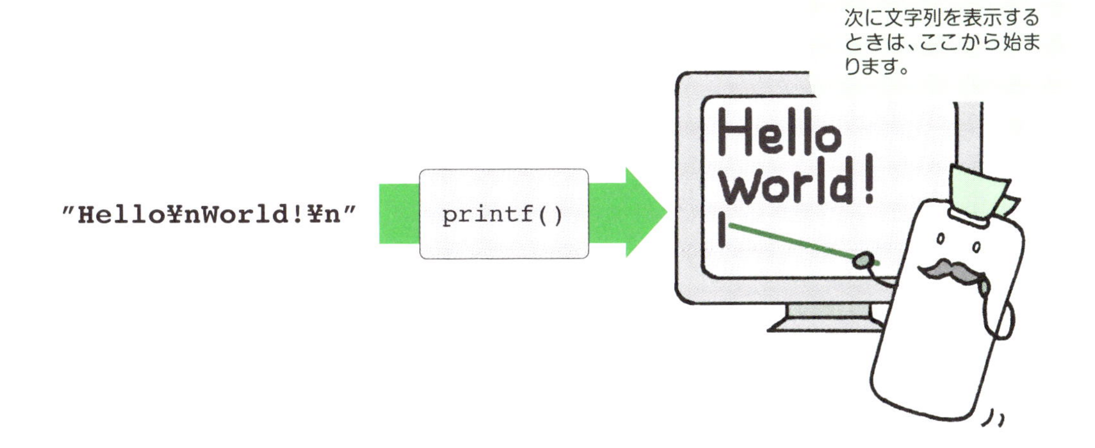

# 変数と定数

**変数は数値や文字列などを格納しておく箱のようなものです。**
**変数のしくみについて見ていきましょう。**

## 変数の宣言と代入

次のようにして、変数を作成し、その中に値を入れることができます。

```
int a;
```

… 整数（integer）の値が入る、a という名前の変数を用意します。
これを「int 型の変数 a を**宣言**する」といいます。

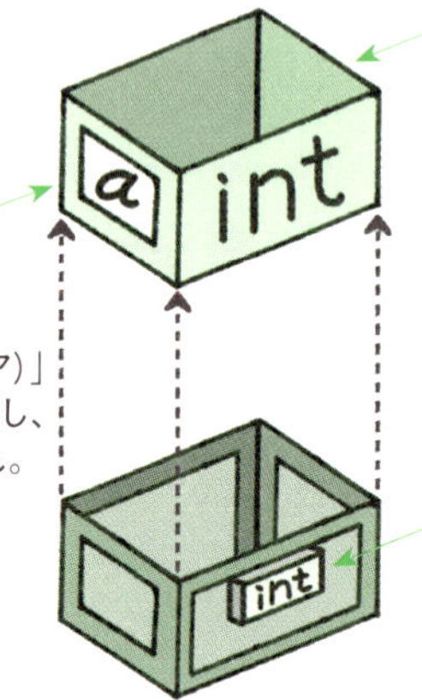


**変数**
値を入れるための箱のようなものです。

**変数名**
変数名には「_（アンダースコア）」と半角英数字が使えます。ただし、先頭文字は数字ではいけません。

**型**
どんな種類の変数を作るかを指定します。

変数を使う前には、必ず変数を宣言します。

```
a = 2;
```

… 作成した変数 a に2という値を入れます。
これを「変数 a に2を**代入**する」といいます。

数値のように値の変わらないものを定数といいます。

### ≫宣言の書き方

変数の宣言や値の代入は、次のようにまとめられます。

| | | | |
|---|---|---|---|
| 値の代入 | `a = 2;`<br>`b = 3;` | → | `a = 2; b = 3;` |
| 変数の宣言と代入 | `int a;`<br>`a = 2;` | → | `int a = 2;` |

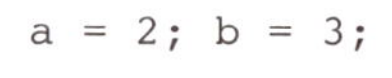

宣言と代入を同時に行うことを「変数を初期化する」といいます。初期化をすれば値を代入するのを忘れることはありませんし、プログラムも見やすくなります。

## 定数と変数の表示

printf() には、文字列を表示するだけでなく、書式を指定して定数や変数を表示する機能があります。

| 文字列をそのまま表示 | 定数を書式指定して表示 | 変数を書式指定して表示 |
|---|---|---|

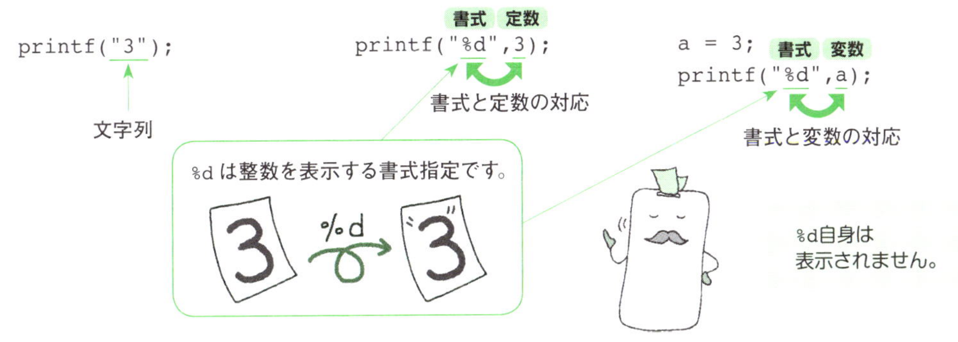


複数のデータを表示するときの対応は次のようになります。

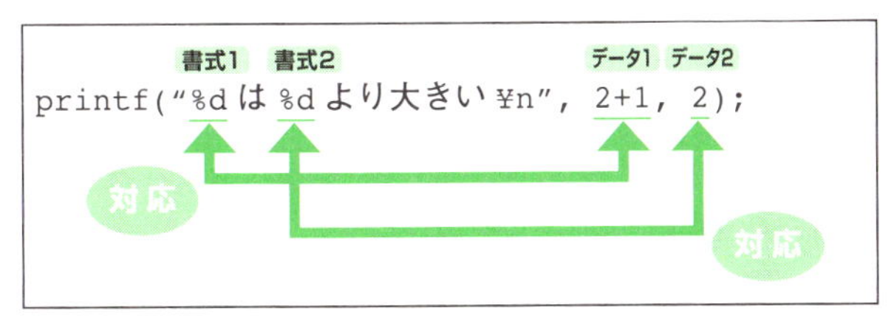

### »いろいろな書式

書式指定は表示するデータの種類によって異なり、次のようなものがあります。

| 書式 | 意味 | データの例 |
|---|---|---|
| %d | 整数（小数点のついていない数）を 10 進数で表示 | 1、2、3、-45 |
| %f | 実数（小数点のついている数）を表示 | 0.1、1.0、2.2 |
| %c | 文字（'で囲まれた半角文字 1 個）を表示 | 'a'、'A' |
| %s | 文字列（"で囲まれた文字）を表示 | "A"、"ABC"、" あ " |

# 数値型

**数値が入る変数の型には、整数用の整数型と、実数用の実数型があります。**

## 整数

整数型には次のようなものがあります。

| 型の名前 | 読み方 | 入る値の範囲 | サイズ（ビット数） |
|---|---|---|---|
| int | イント | システムにより異なる | － |
| long | ロング | -2147483648 ～ 2147483647 | 32 |
| short | ショート | -32768 ～ 32767 | 16 |
| char | チャー、キャラ | -128 ～ 127 | 8 |

型の前に「unsigned（アンサインド）」をつけると、0～（最大値 × 2）の値を入れられます。

型によって、メモリを使う量は異なります。

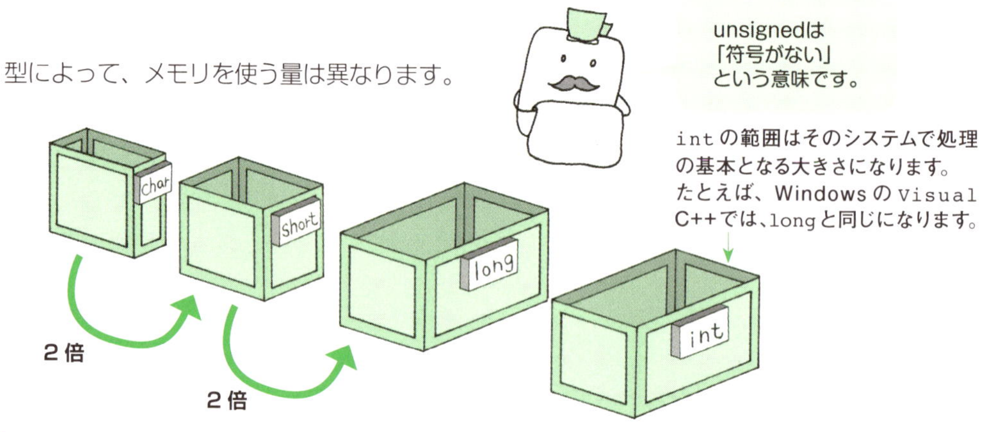

## 実数型

実数型には次のようなものがあります。

| 型の名前 | 読み方 | 入る値のおおまかな範囲 | サイズ（ビット数） |
|---|---|---|---|
| float | フロート | $-3.4 \times 10^{38}$ ～ $3.4 \times 10^{38}$ | 32 |
| double | ダブル | $-1.7 \times 10^{308}$ ～ $1.7 \times 10^{308}$ | 64 |

## 計算の中の型変換

C言語では整数どうしで計算すると、その結果は整数になるという決まりがあります。だから、次のようにちょっと変なことが起きてしまいます。

**3÷2 の結果を求める（誤）**

3 / 2 → 1
整数 整数 整数

整数になるように自動的に小数点以下が切り捨てられてしまいます。

正しい値である 1.5 を算出するには、実数表記にして計算する必要があります。

**3÷2 の結果を求める（正）**

3.0 / 2.0 → 1.5
実数 実数 実数

## キャスト演算子

「(int)」のように、型名を () でくくったものを値や変数の前に書くと、その変数を特定の型に変換できます。この操作を**型キャスト**といい、() を**キャスト演算子**といいます。

例

```
#include <stdio.h>

int main(int argc, char *argv[])
{
    printf("3÷2=%d¥n",3/2);
    printf("3÷2=%f¥n",3/2.0);
    printf("3÷2=%f¥n",3/(float)2);
    return 0;
}
```

整数は、実数を含む計算の場合、自動的に実数に変換されます。

float 型にキャスト

実行結果

```
3÷2=1
3÷2=1.500000
3÷2=1.500000
```

# 配列

**同じ型の変数をまとめたものを配列といいます。**
**配列のしくみについて見ていきましょう。**

## 配列の考え方

配列は複数の同じ型の変数を１つにまとめたものです。大量のデータを扱うときや複数のデータを次々と自動的に読み出したいときは配列を使うと便利です。
配列の宣言は次のように行います。

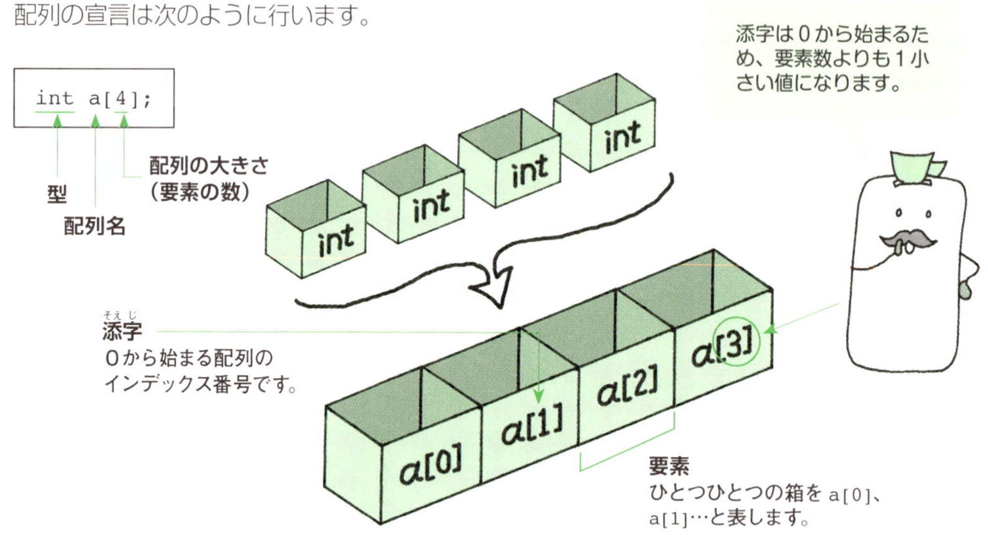


宣言と同時に初期化するには、{} を使って値を列挙します。

```
int a[4] = {1, 2, 3, 4};
```

[ ] 内の要素数は省略できます。

```
int a[] = {1, 2, 3, 4};
```

{} 内にデータがいくつあるかで
自動的に要素数が決定します。

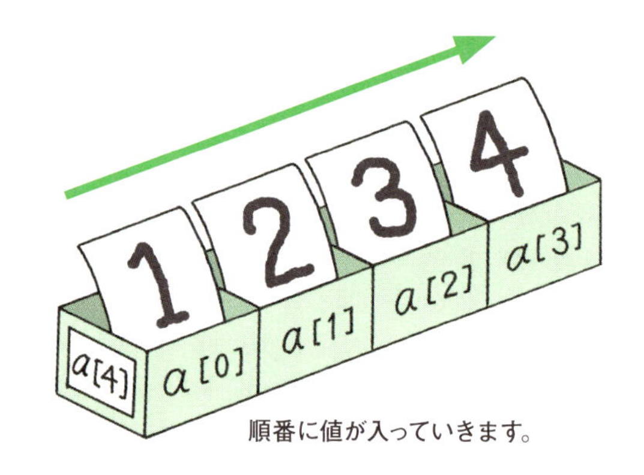

順番に値が入っていきます。

## 配列要素の参照と代入

配列の要素ひとつひとつは、普通の変数のように参照と代入ができます。

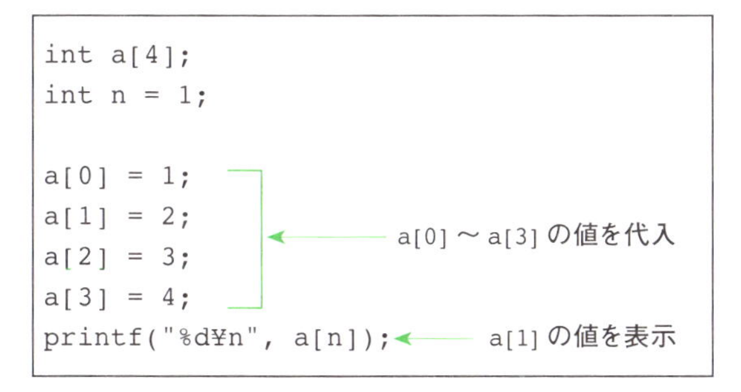

```
int a[4];
int n = 1;

a[0] = 1;
a[1] = 2;
a[2] = 3;
a[3] = 4;
printf("%d¥n", a[n]);
```

添字の数に「0」～「要素数－1」以外の値を指定すると、実行時にエラーになるので注意してください。

```
int a[4] = {1, 2, 3, 4};
printf("%d¥n", a[4]);
```

a[4]は配列の範囲外なので、プログラムが途中で止まるなど、予期しない動きをしてしまいます。

## 多次元配列

要素数に応じて横に伸びていく配列を組み合わせれば、2次元配列や3次元配列を作ることもできます。

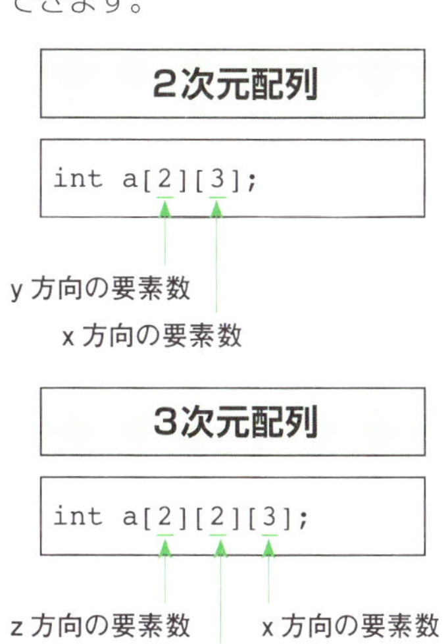


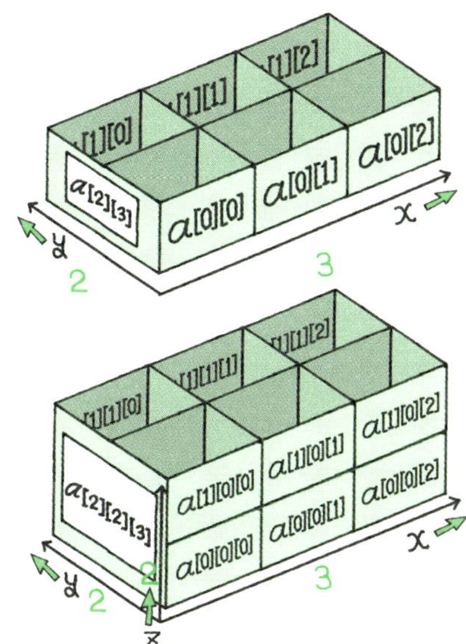

# ポインタ

データのある場所を記憶するポインタを紹介します。

## ポインタとは？

変数などが格納されている位置（アドレス）を値とする変数を**ポインタ**といいます。ポインタにも型の区別があり、たとえばchar型のポインタ変数pを宣言するには次のようにします。

**ポインタpの宣言**

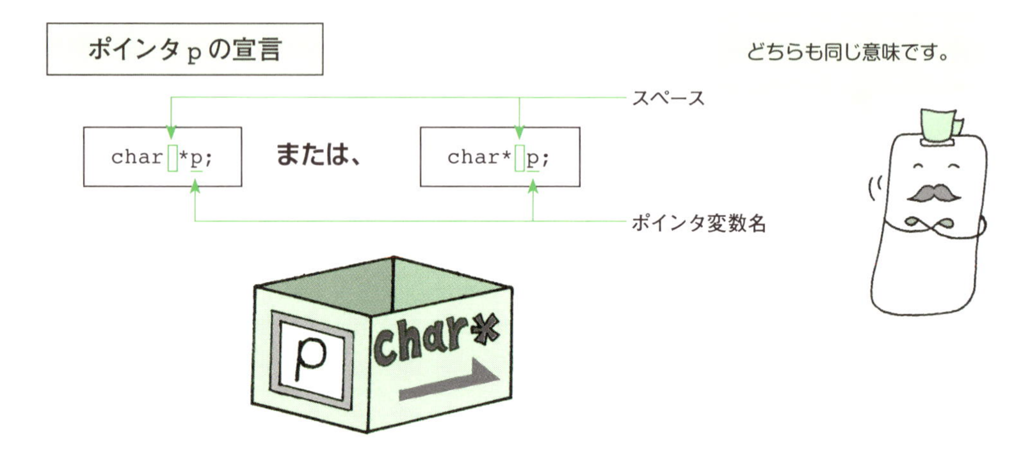


ポインタへのアドレスの代入は次のように行います。

**ポインタpに変数aのアドレスを代入**

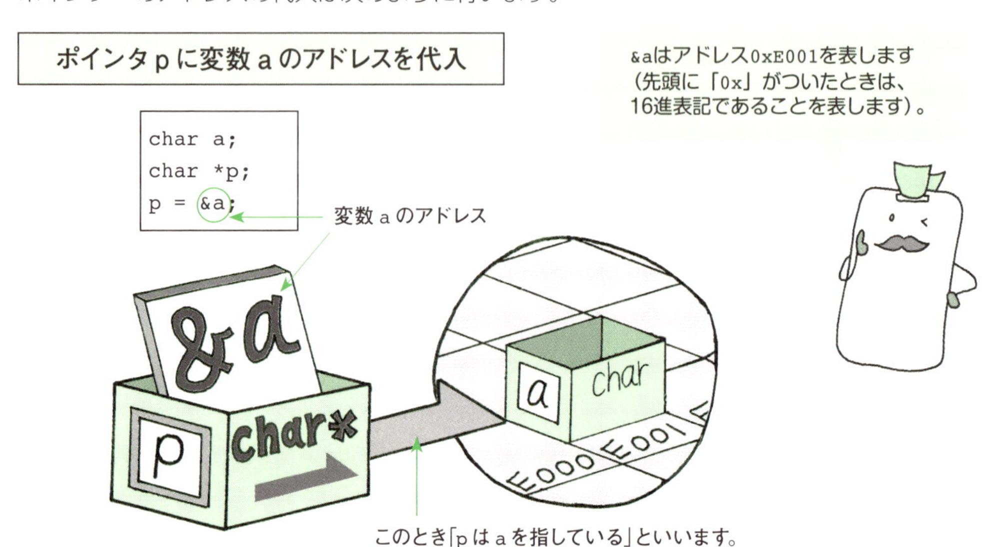

## ポインタが指す値の参照

ポインタ名の前に * をつけると、そのポインタが指す先のデータを参照します。

**ポインタ p が指す変数 a の値を参照**

ポインタ p の指す変数 (a) の値

```
char a  = 3;
char *p;
p = &a;
```

```
char b = *p;
```

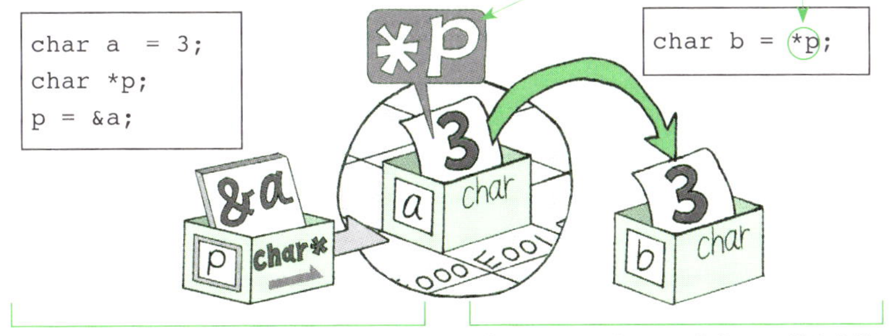


ポインタ p に変数 a のアドレスを代入

ポインタ p を使って、変数 a の値を変数 b に代入

## ポインタと配列

配列の名前そのものは、配列の最初の要素を指し示すポインタの役割をします。

```
int a[4];
```

… a は a[0] へのポインタとして使えます。

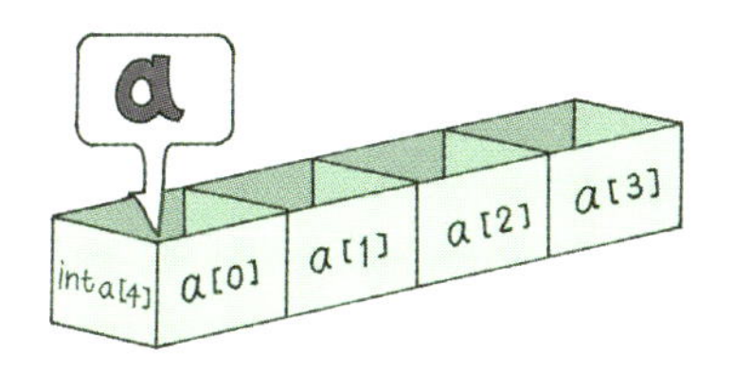


「&」(アドレスを得る記号) を使う必要はありません。

### ≫ポインタを使った配列の参照

配列 a[] があるとき、a 自身は「a[0] へのポインタ」なので、*a は「a の格納場所にある値 =a[0]」となります。同様に、a[1]=*(a+1)、a[2]=*(a+2)…と書くこともできます。

**例**

```
#include <stdio.h>

int main(int argc, char *argv[])
{
    int a[4] = {10, 20, 30, 40};
    printf("配列 a[3] の値は %d¥n", *(a+3));
    printf("配列 a[0] の値に 3 を足すと %d¥n", *a+3);
    return 0;
}
```

**実行結果**

```
配列 a[3] の値は 40
配列 a[0] の値に 3 を足すと 13
```

# 文字と文字列

**ASCII コードと文字の関係や、文字列（文字の集まり）のしくみについて見ていきます。**

## ASCII コード

コンピュータでは文字をそのまま文字として扱うことはできません。文字をそれぞれ0～127の番号に対応させて管理しています。その対応を示した国際標準の表のことをASCIIコード表といいます。

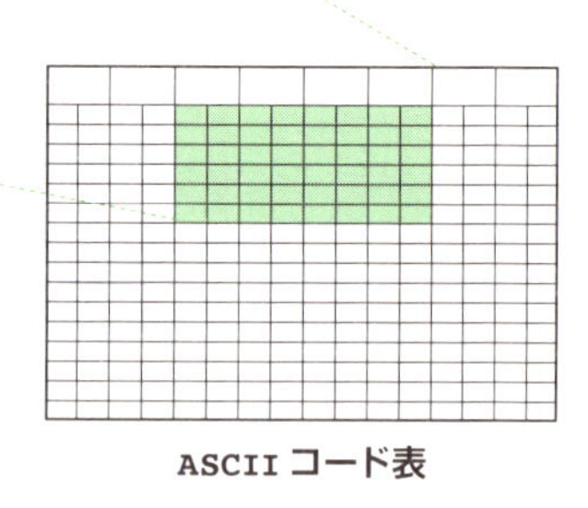

ASCII コード表

## 文字型

C 言語で「文字」とは、半角文字１個のことです。この「文字」を格納するための変数の型が、文字型 char です。char は -128～127 の整数が入る型でしたが、C 言語では文字と文字コードを同等とみなしますので、文字を格納する型としても流用できるのです。

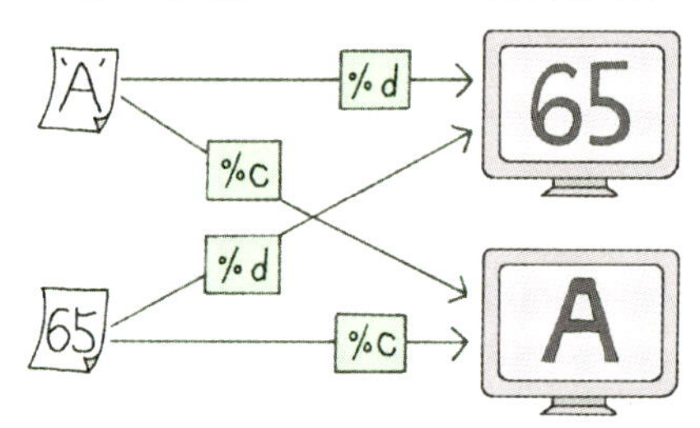

## 文字列のしくみ

C 言語において、文字列は文字の集まりで表されます。記述するときは " でくくります。固定の文字列は次のようなしくみになっています。

"Hello"

NULL文字
文字列がここで最後であることを表します。画面には表示されません（'¥0' で1文字ぶん）。

文字列を格納する変数を用意するには次のように宣言します。

```
char s[6];
```

変数名　文字列の長さに NULL 文字1つぶんを加えた数以上を指定。

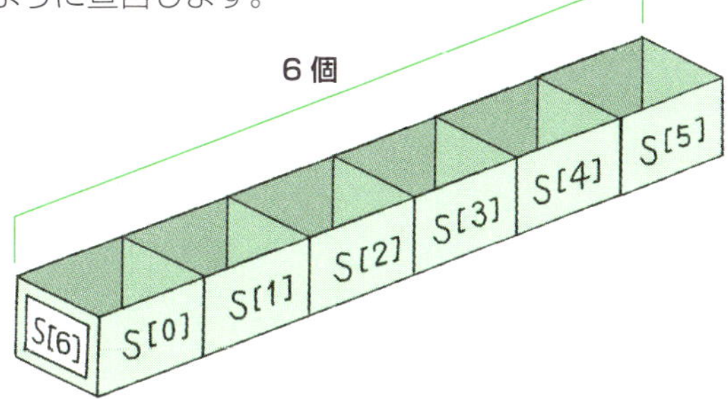


文字列を初期化するには次のようにします。

```
char s[6] = "Hello";
```

[ ] の中身を省略すると、文字数 +1 個（6個）ぶんの箱を自動的に用意できます。

```
char s[] = "Hello";
```

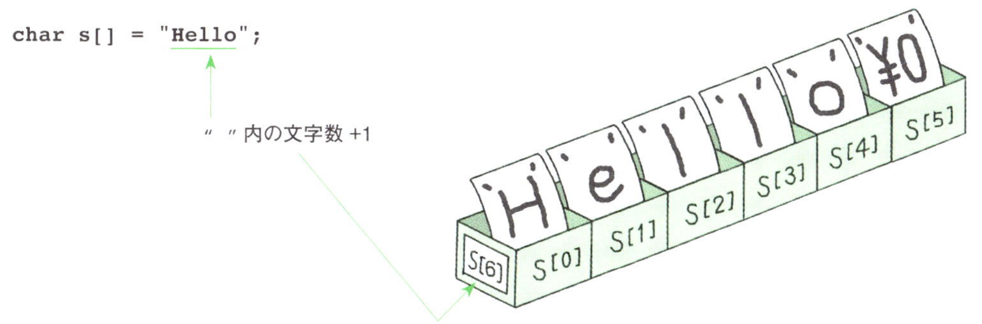


文字列の変数に値を入れるとき、「=」が使えるのは初期化時だけです。それ以外のケースで代入するときは、strcpy()（ストリングコピー）関数を使います。

```
char s[10];
strcpy(s,"Hello");
```

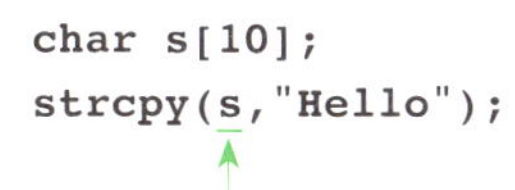

上の行で宣言した s[10] の先頭アドレスを指します。

# 計算の演算子

**計算に用いる＋や－などのことを演算子といいます。**
**演算子の種類や使い方を見ていきましょう。**

## 数の計算で使う演算子

C 言語で数の計算に用いる演算子には次のものがあります。

| 演算子 | 働き | 使い方 | 意味 |
|---|---|---|---|
| プラス<br>+ | ＋（足す） | `a = b + c` | b と c を足した値を a に代入 |
| マイナス<br>- | ―（引く） | `a = b - c` | b から c を引いた値を a に代入 |
| アスタリスク<br>* | ×（かける） | `a = b * c` | b と c をかけた値を a に代入 |
| スラッシュ<br>/ | ÷（割る） | `a = b / c` | b を c で割った値を a に代入<br>（c が 0 のときはエラー） |
| パーセント<br>% | …（余り） | `a = b % c` | b を c で割った余りを a に代入<br>（整数型でのみ有効） |
| イコール<br>= | ＝（代入） | `a = b` | b の値を a に代入 |

## 代入演算子

変数に値を代入する「＝」演算子は左辺を変数、右辺を値とみなします。よって、int 型の変数 a そのものの値を 2 増やしたいときは次のように書きます。

```
a = a + 2;
```

変数　値

代入　a の値に 2 を足したもの

「aがa+2と等しい」という意味ではありません。

a の値を 2 増やすことは、次のように書くこともできます。

```
a += 2;
```

「=」や「+=」を**代入演算子**といいます。代入演算子には次のようなものがあります。

| 演算子 | 働き | 使い方 | 意味 |
|---|---|---|---|
| += | 足して代入 | a += b | a+bの結果をaに代入（a = a+bと同等） |
| -= | 引いて代入 | a -= b | a-bの結果をaに代入（a = a-bと同等） |
| *= | かけて代入 | a *= b | a*bの結果をaに代入（a = a*bと同等） |
| /= | 割って代入 | a /= b | a/bの結果をaに代入（a = a/bと同等） |
| %= | 余りを代入 | a %= b | a%bの結果をaに代入（a = a%bと同等） |

## インクリメント演算子、 デクリメント演算子

インクリメント（加算）演算子、デクリメント（減算）演算子は、整数型の変数の値を1増やしたり減らしたりする場合に使います。

| 演算子 | 名称 | 働き | 使い方 | 意味 |
|---|---|---|---|---|
| ++ | インクリメント演算子 | 変数の値を1増やす | a++または++a | aの値を1増やす |
| -- | デクリメント演算子 | 変数の値を1減らす | a--または--a | aの値を1減らす |

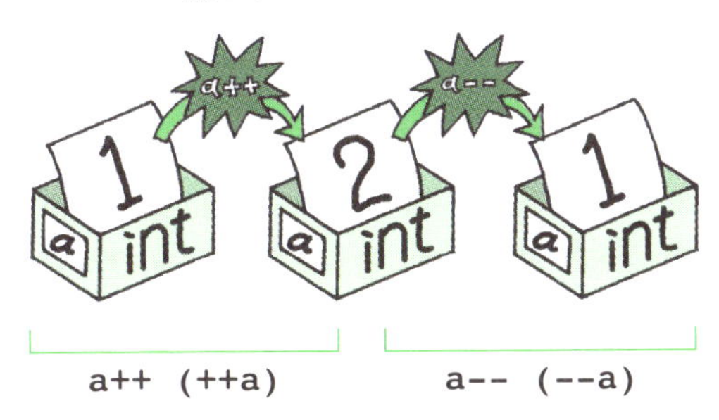


### » a++と++aの違い

インクリメント演算子とデクリメント演算子には、それぞれ2種類の書き方があり、++a（--a）のほうを前置（ぜんち）、a++（a--）のほうを後置（こうち）といいます。

前置と後置では演算を行うタイミングが異なり、前置の場合は変数の参照より先に、後置の場合は変数の参照よりあとに演算が行われます。そのため、次のようなことが起こります。

```
int x, a = 1;
x = ++a;
```

aに1を足したあと、xに値を代入する
→ xの値は2になる

```
int x, a = 1;
x = a++;
```

xに値を代入したあと、aに1を足す
→ xの値は1のまま

# その他の演算子

条件式を作る比較演算子や論理演算子を紹介します。

## 比較演算子とは？

C 言語では、変数の値や数値を比較して条件式を作り、その結果によって処理を変えることができます。このとき使う演算子を**比較演算子**といいます。
条件が成立した場合を「**真**（true）」、成立しない場合を「**偽**（false）」といいます。

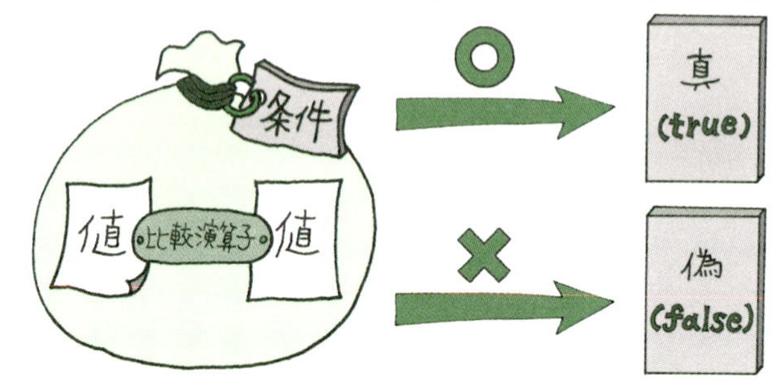


| 演算子 | 働き | 使い方 | 意味 |
|---|---|---|---|
| == | ＝（等しい） | a == b | a と b は等しい |
| < | ＜（小なり） | a < b | a は b より小さい |
| > | ＞（大なり） | a > b | a は b より大きい |
| <= | ≦（以下） | a <= b | a は b 以下 |
| >= | ≧（以上） | a >= b | a は b 以上 |
| != | ≠（等しくない） | a != b | a と b は等しくない |

2つの記号で1つの働きをしているものはスペースなどで区切らないでください。

## 式が持っている値

条件式や代入式はそれ自体が値を持っています。たとえば、条件式が真であるとき、条件式そのものは「1」という値を持ちます。条件式が偽のときには条件式の値は「0」になります。

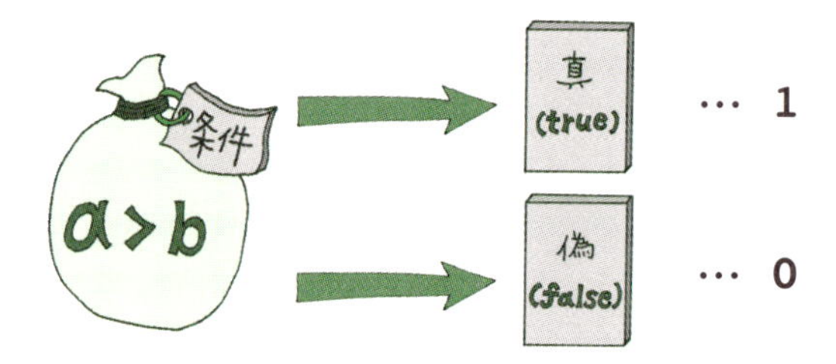

## 論理演算子とは？

複数の条件を組み合わせて、より複雑な条件を表すときに使うのが論理演算子です。

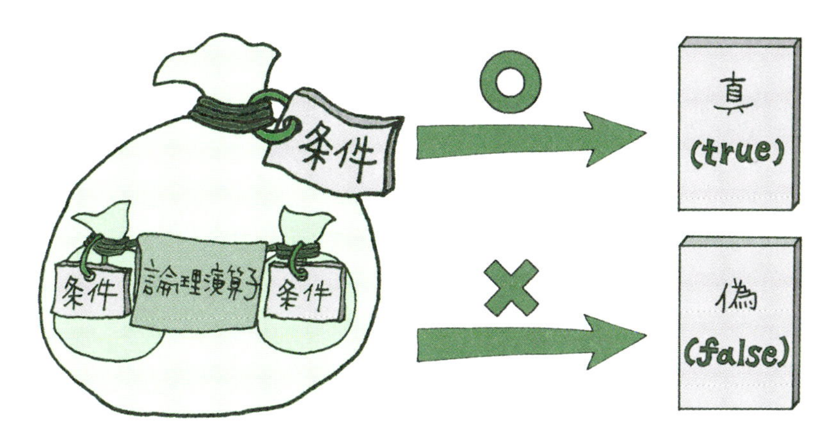

論理演算子には次の3種類があります。

| 演算子 | 働き | 使い方 | 意味 |
|---|---|---|---|
| && | かつ | (a >= 10) && (a < 50) | a は 10 以上かつ 50 未満 |
| \|\| | または | (a == 1) \|\| (a == 100) | a は 1 または 100 |
| ! | ～ではない | !(a == 100) | a は 100 ではない |

## 条件つき代入

**?** と **:** の2つの記号を使って、条件により x に代入する値を変えられます。
次のように書きます。

```
x = ( 条件 ) ? a : b;
```

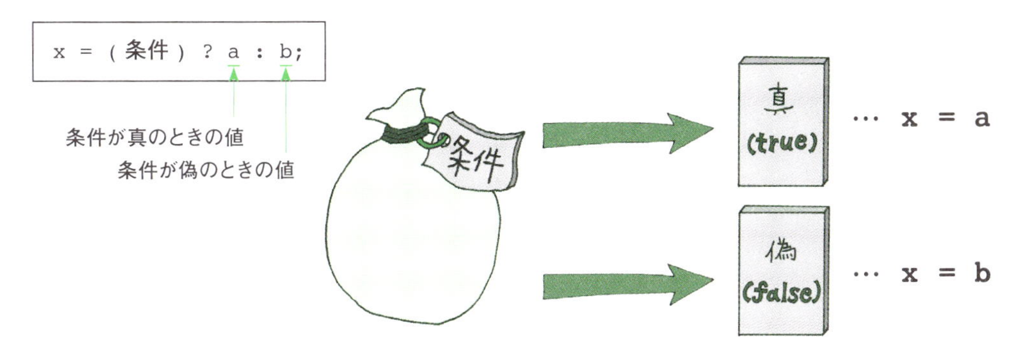

# ファイルの読み書き

**データやプログラムなどをディスク上に記録したものをファイルといいます。ファイルの基本的な扱い方について見ていきましょう。**

## ファイル処理の流れ

ファイルの読み書きは、基本的に次のような順で行われます。

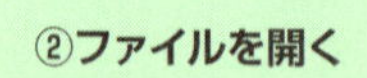

③ファイルの読み書き

④ファイルを閉じる

## ファイルの利用

ファイルを開くには **fopen()**（エフオープン）関数を使います。fopen() 関数は、ファイルが開けなかったときに NULL を返します。ファイルを閉じるときは **fclose()**（エフクローズ）関数を使います。

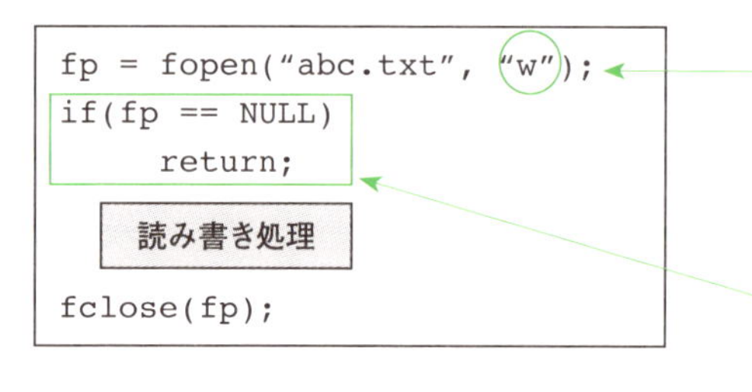

```
fp = fopen("abc.txt", "w");
if(fp == NULL)
    return;

  読み書き処理

fclose(fp);
```



## ファイルへ書き出す

ファイルに文字列を書き出すには、**fprintf()**（エフプリントエフ）関数を使います。printf() のような感じで使えます。

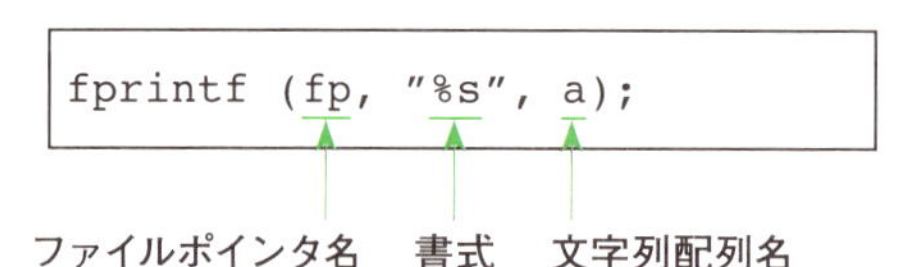

```
fprintf (fp, "%s", a);
```

# ファイルから読み込む

ファイルから文字列を1行ずつ読み込むには、fgets()（エフゲットエス）関数を使います。

```
fgets (s, 29, fp);
```

- s：文字列配列名
- 29：読み込み最大文字数
- fp：ファイルポインタ名

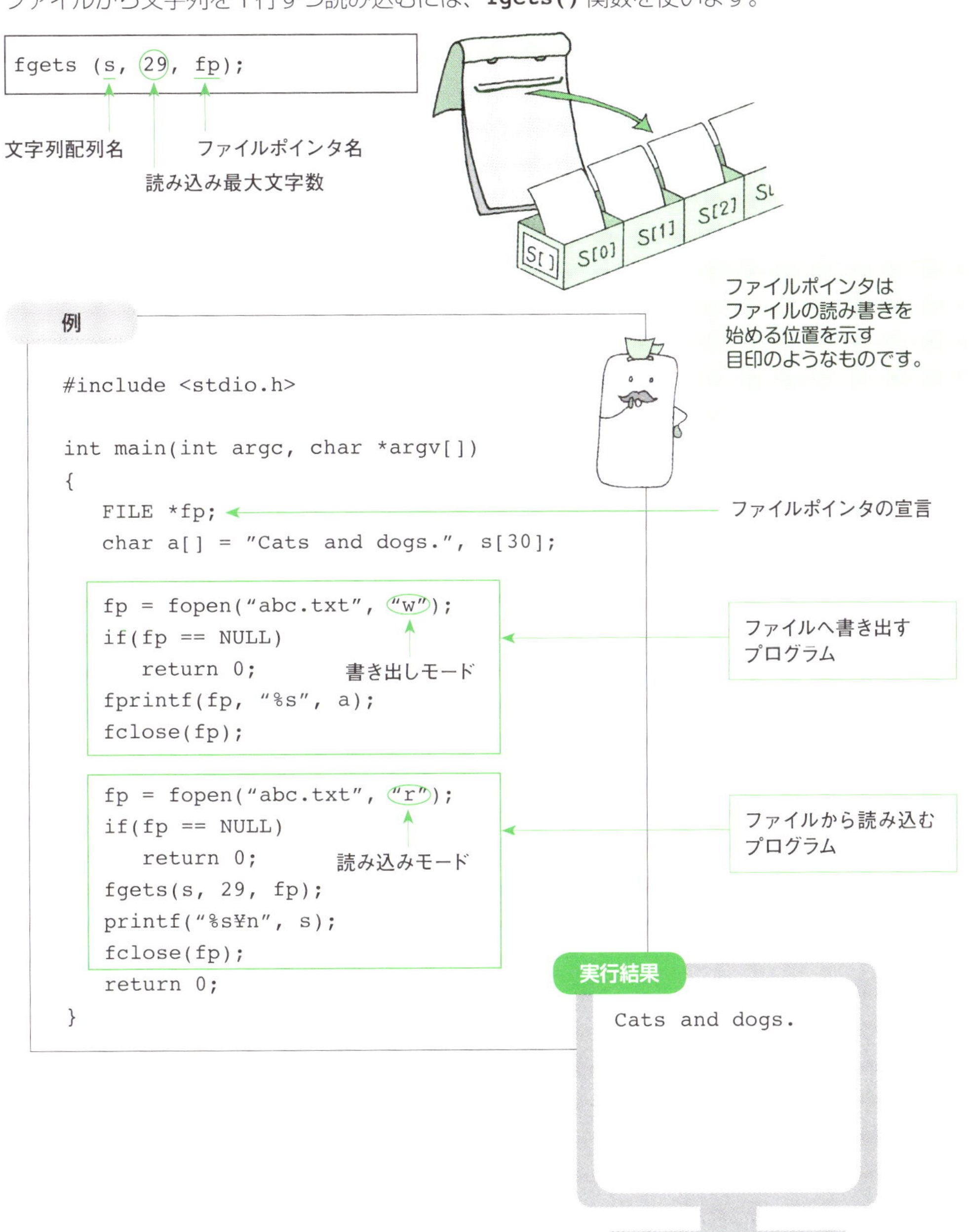


**例**

```
#include <stdio.h>

int main(int argc, char *argv[])
{
   FILE *fp;
   char a[] = "Cats and dogs.", s[30];

   fp = fopen("abc.txt", "w");
   if(fp == NULL)
      return 0;
   fprintf(fp, "%s", a);
   fclose(fp);

   fp = fopen("abc.txt", "r");
   if(fp == NULL)
      return 0;
   fgets(s, 29, fp);
   printf("%s¥n", s);
   fclose(fp);
   return 0;
}
```

- FILE *fp; ← ファイルポインタの宣言
- "w" ← 書き出しモード
- "r" ← 読み込みモード
- 1つ目の枠：ファイルへ書き出すプログラム
- 2つ目の枠：ファイルから読み込むプログラム

**実行結果**

```
Cats and dogs.
```

# キーボード入力

**キーボードで入力したデータを**
**変数や文字列配列に格納する方法を見ていきましょう。**

## キーボードからのデータ入力

キーボードから入力したデータをプログラムで受け取るには、主に次のような関数を使います。

### scanf() 関数
（スキャンエフ）

scanf() 関数は、キーボードから入力したデータを指定の書式に変換して、変数や配列に格納します。

```
int a;
scanf("%d", &a);
```

入力データの書式　　データ格納先のアドレス

変数名に&をつけてアドレスにすることを忘れずに！

**文字列の場合**

```
char s[30];
scanf("%s", s);
```

配列名は配列の先頭要素のアドレスとなるため、& は必要ありません。

複数のデータを一度に入力することもできます（入力文字は、スペースで区切ります）。

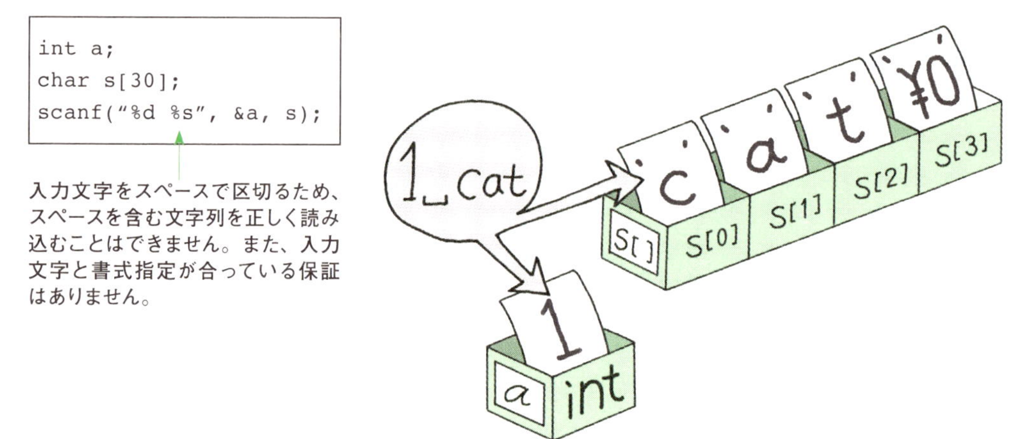

```
int a;
char s[30];
scanf("%d %s", &a, s);
```

入力文字をスペースで区切るため、スペースを含む文字列を正しく読み込むことはできません。また、入力文字と書式指定が合っている保証はありません。

## gets() 関数

gets() 関数は、キーボードから入力した１行ぶんの文字列を文字配列に格納します。スペースも読み込めます。

```
char s[30];
gets(s);
```

格納用文字配列

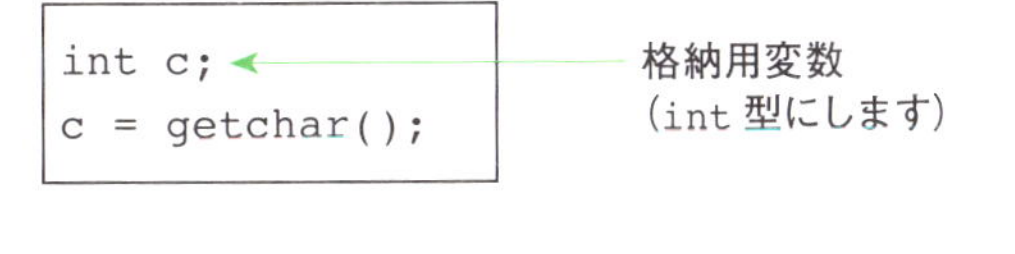
スペースも入ります。

## getchar() 関数

getchar() 関数は、キーボードから入力した文字の１文字だけを変数に格納します。

```
int c;
c = getchar();
```

格納用変数
（int 型にします）

gets() 関数などを実行すると、プログラムはキーボードからの入力待ち状態になります。入力後に［Enter］キーが押されると、データを受け取るしくみです。

C言語の基礎

基本的な制御

制御の活用

4
関数の利用

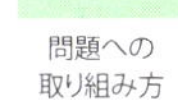

問題への取り組み方

実践的プログラミング

高度なアルゴリズム

ソートとサーチ

9
付録

# メモリの確保

**たくさんのメモリを使うときは、いきなり大きな配列を用意せずに、プログラムの中で用意したほうが賢明です。**

## 動的なメモリ確保

変数や配列を宣言すると、メモリ上に“自動的に”領域が確保されます。
しかし、この方法だと画像を扱うプログラムなど、たくさんのメモリを用意する必要がある場合に、最悪、プログラムが止まってしまう危険性があります。

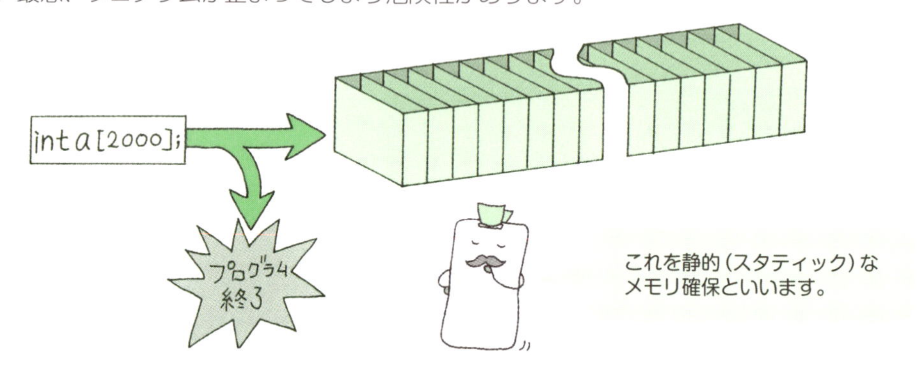


このようなときは、次のように“プログラムの処理として”メモリを確保します。

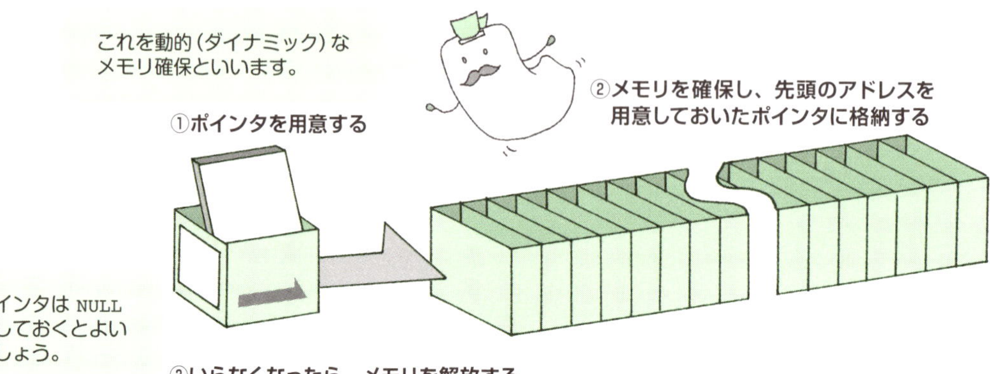


③いらなくなったら、メモリを解放する

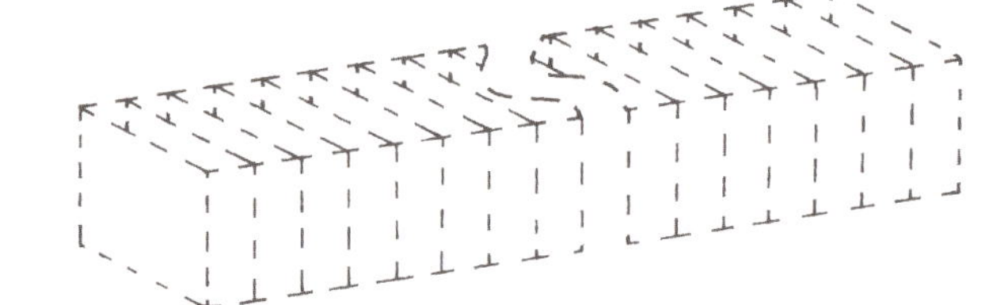

# メモリ活用の手順

動的なメモリ確保を行うときに使う関数を紹介します。なお、これらの関数を使うときは、プログラムの先頭で、#include <stdlib.h> と記述する必要があります。

## メモリの確保

メモリを確保し、用意しておいたポインタに先頭アドレスを格納します。

```
short *buf;
buf = (short *)malloc(sizeof(short)*2000);
```

short *buf; ← 確保したメモリの先頭アドレスを入れるポインタを宣言します。

malloc() 関数の戻り値には型がない（void* 型）ので、buf と同じ型にキャストします。

**malloc()**（マロック）**関数**
引数（ひきすう）で指定したバイト数のメモリを確保し、その先頭アドレスを返します（確保できなかったときは NULL を返します）。

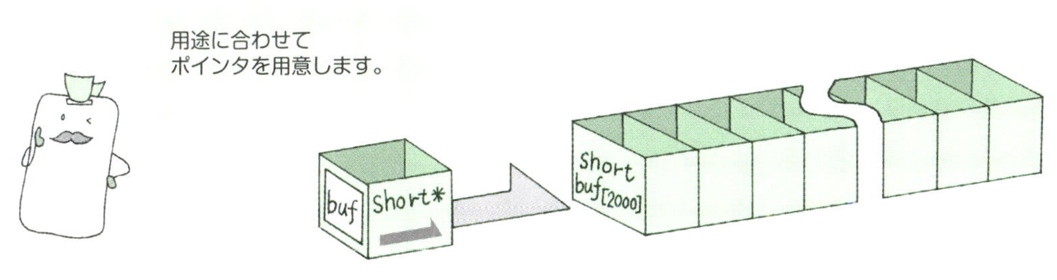

## メモリの利用

確保してしまえば、通常の配列と同じように使えます。

```
buf[2] = 40;
```

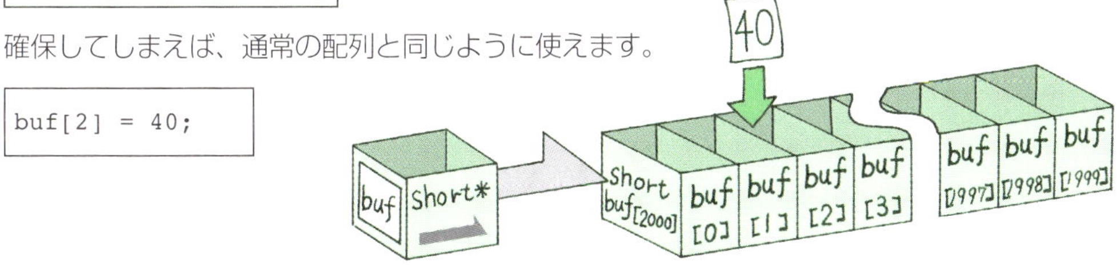


## メモリの解放

使い終わったら、メモリを解放します。

```
free(buf);
```

**free()**（フリー）**関数**
確保したメモリを解放します。

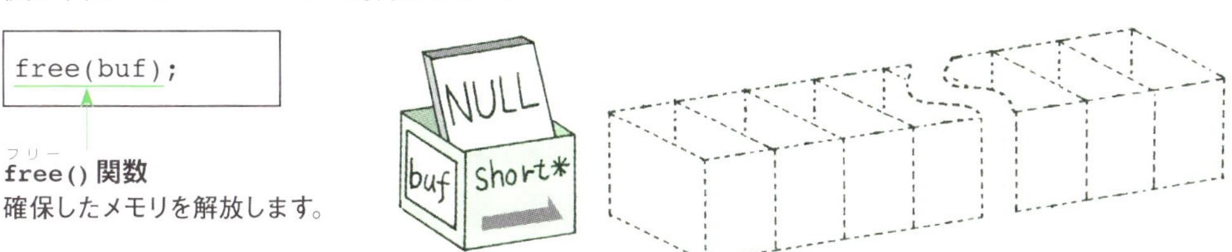

# 構造体

**構造体とは何か、宣言するにはどうすればよいかを見ていきます。**

## 構造体の概念

構造体とは複数の型をひとまとめにしたものです。配列に近いイメージですが、構造体は異なる型でも配列であっても１つにまとめられます。
また、構造体としてまとめた要素のひとつひとつを**メンバ**といいます。

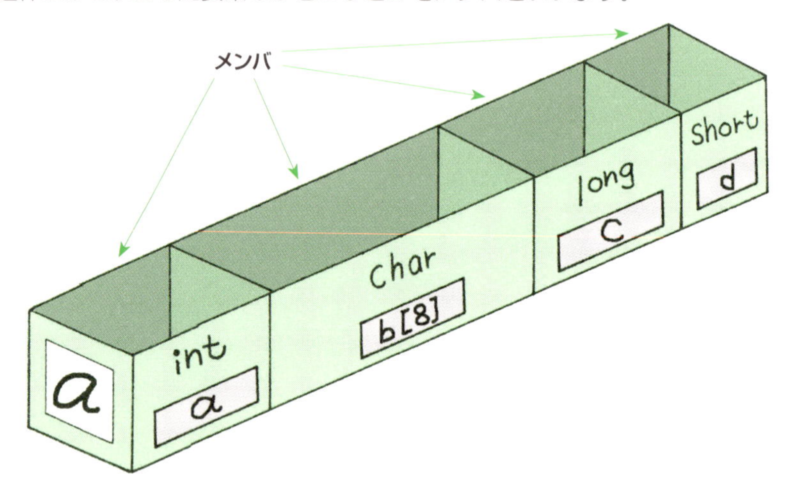


## 構造体の宣言

構造体を宣言するには、まず、どのような変数を構造体としてまとめるかを定義します。これを「構造体テンプレートの宣言」といいます。次に、構造体変数（構造体のテンプレートを持った変数）を用意します。

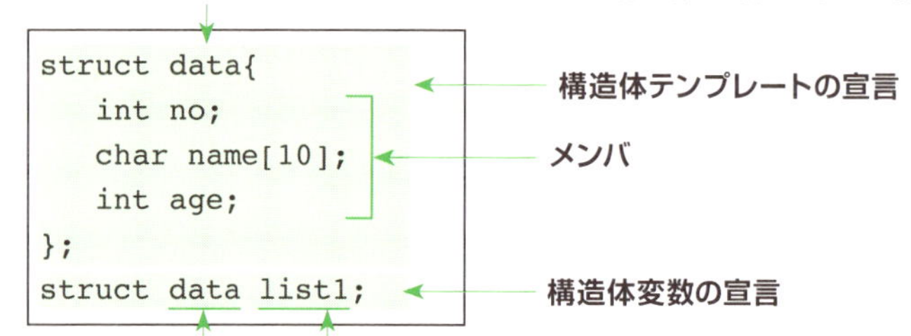

## 構造体の初期化

構造体変数の初期化は、宣言時に次のように行います。

```
struct data{
   int no;
   char name[10];
   int age;
};
struct data list1 = {1, "nagashima", 39};
```

構造体 data を宣言

初期化

**初期化リスト**
宣言に合わせてデータを
記述します。

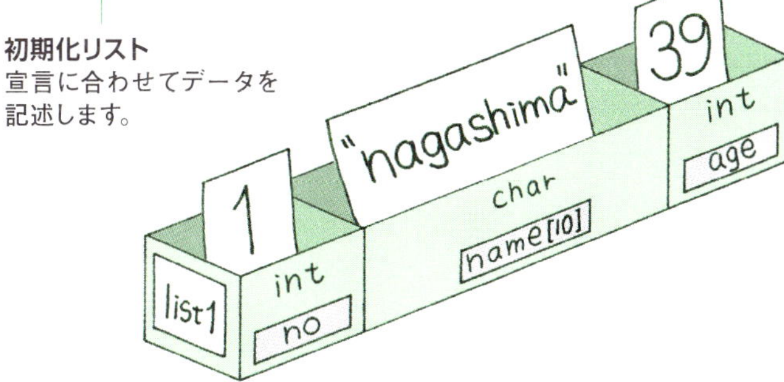

## 構造体メンバへのアクセス

構造体変数のメンバを参照するには、「.（ピリオド）」を使って、どのメンバを参照するのか指定します。

**ピリオド**

```
printf("%d %s %d¥n", list1.no, list1.name, list1.age);
```

**構造体変数名　メンバ名**

構造体変数へデータを代入するときも同様です。

```
list1.no = 3;
strcpy(list1.name , "nagashima");
list1.age = 39;
```

**構造体変数 list1 の、**
**メンバ no に 3 を代入**
**メンバ name に nagashima をコピー**
**メンバ age に 39 を代入**

ポインタを使って構造体のメンバを参照するには -> (**アロー演算子**) という記号を使います。次のように記述します。

**アロー演算子**

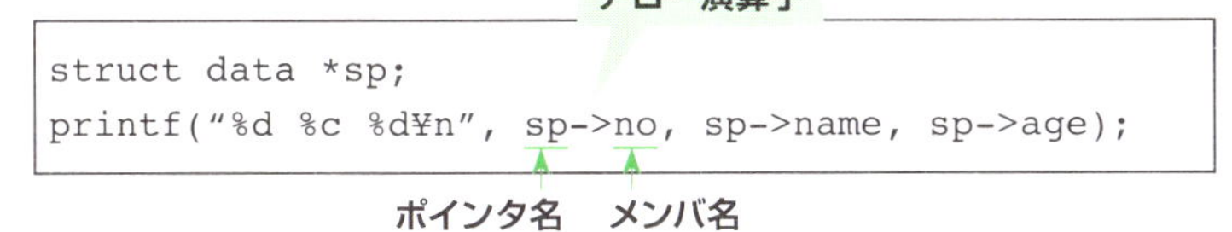

```
struct data *sp;
printf("%d %c %d¥n", sp->no, sp->name, sp->age);
```

**ポインタ名　メンバ名**

COLUMN

## ～変数名のつけ方～

C 言語の変数名には、英数字または _（アンダースコア）が使えます。ただし、先頭の文字には数字が使えず、大文字と小文字は区別されます。長さはコンパイラによって異なりますが、最近は 256 文字くらいまで大丈夫です。これらのルールを守れば、あとは自由に命名できるのですが、いったいどんな名前にするのがよいのでしょうか。

**◎大文字か、小文字か**

一般的に小文字から始めることが多いようです。2語以上になるときは、wordnum のようにつなげて書いたり、それではわかりにくいときは、word_num のようにアンダースコアで区切ったりします。WordNum、wordNum のように大文字を取り混ぜて書くこともあります。なお、WORD_NUM のようにすべて大文字にすると、C 言語では #define で定義されたマクロ（定数のようにふるまう）を表すことが多いので、それ以外の用途で使わないほうがよいでしょう。

**◎長さは**

特にルールはありませんが、一時的にしか使わない変数は簡潔に表現することを重視して短め（1 ～ 5 文字程度）に、重要な変数やいろいろな場面で用いる変数ほど長めにするのがよいようです。あとで読み返してみて名前からすぐに意味がわかるようなものがベストです。

**◎慣習的によく使う変数名**

数学で x、y といえば座標を表すように、特に 1 文字の変数には、"定番" があります。そのルールに沿ってプログラムを書けば、他の人が意味を想像しやすくなります。代表的なものを挙げてみます。

| | | | |
|---|---|---|---|
| i、j、k | カウンタ (integer( 整数 )) | a | 配列 (array) |
| s | 文字列（string） | x、y | 座標 |
| c | 文字 (char) | l | 長さ (length) |
| p | ポインタ (pointer) | n | 数 (number) |

わかりやすい変数名をつけるかどうかでプログラムの読みやすさは相当変わってきます。よく考えてつけるようにしましょう。

# 2

# 基本的な制御

##  プログラムの流れを作ろう!

通常のプログラムは、水が流れるように、上から順番に処理されていきます。しかし、このような単純な流れだけではたいしたことはできません。プログラムは、プログラマが流れを変えてやってはじめて、多くの機能を持たせられるのです。

プログラムの流れを作るには、**制御文**を使います。制御文を使うと、上から下へプログラムが流れるところを、条件に応じて分岐させたり、指定回数ぶんを繰り返したりできます。しかし、そうはいってもまったくデタラメに流れてしまっては混乱してしまいます。C言語の制御文には流れの変更による影響を限定し、スマートに記述するための**構造化**というしくみが備わっています。構造化は今ではごく一般的な考え方ですが、たいへん重要ですので、最初に解説します。

制御文の中で、はじめに紹介するのは**`if`文**です。これは英語の「if」という単語の意味のとおり、「もし〜だったら … する」という、条件分岐を作る制御文です。つまり、条件が「成り立った場合」と「成り立たなかった場合」の2通りのプログラムの流れを用意できるのです。もちろん、if文を複数用意することにより、2つ以上の流れを作ることも可能です。

次に登場するのは **for 文**と **while 文**で、これらはどちらも処理の「繰り返し」を行う制御文です。プログラムの流れを図示すると、くるくると円を描くように見えるので、「繰り返し」のことを**ループ**と呼びます。

また、その他の制御文として、ループ内の処理を途中で抜ける **break 文**や、複数の分岐を一度に作れる **switch 文**なども紹介します。

制御文を使えば、コンピュータに複雑な処理をさせられるようになります。しかし、プログラムの流れを変えると、無限ループ（永久に続く繰り返し）などいろいろ間違ったプログラムを書いてしまうケースも増えてくるので、まずは正しく理解することが大切です。プログラムの動きを決める制御文を理解することは、アルゴリズムを学ぶための第一歩です。そのことを念頭において、この章を読んでください。

# 制御の種類と構造化

**プログラムは通常、上から下へ順番に処理されていきます。しかし、ときには処理の流れに変化を与えることも必要です。**

## プログラムの制御

複雑なプログラムでは、必要に応じて処理の流れを変えなくてはならないことがあります。処理の流れを変えることを「プログラムを制御する」といいます。

## 基本的な制御の種類

制御のパターンには、次のようなものがあります。C言語では処理の分岐には`if`という制御文、繰り返しには`for`や`while`という制御文が主に使われます。

〈通常の流れ〉

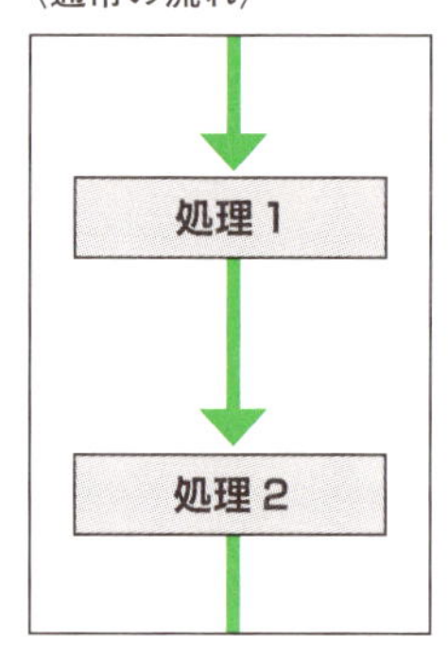


〈処理の分岐〉

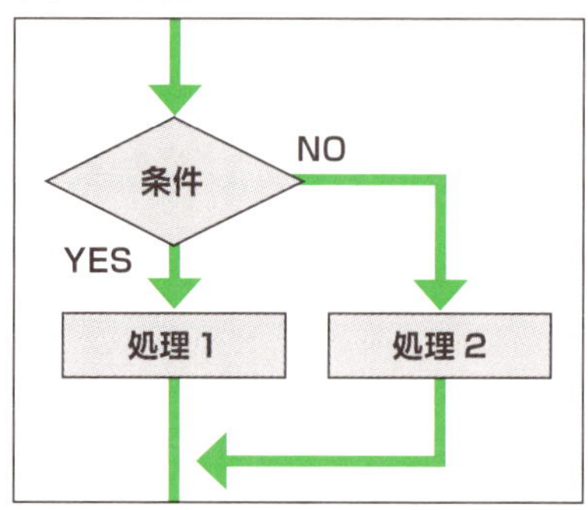


〈繰り返し〉

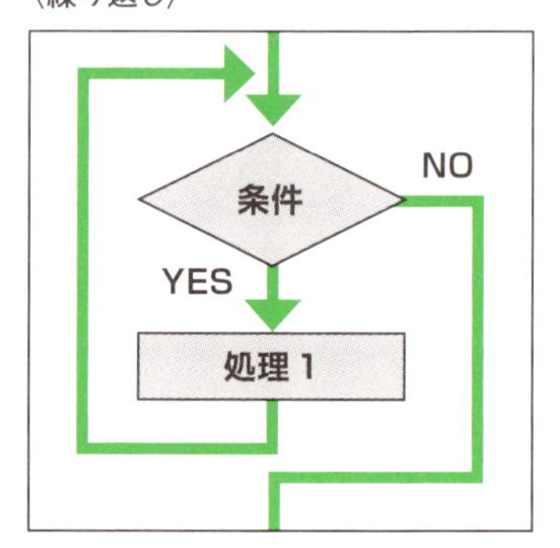


この3パターンを組み合わせれば、どんなプログラムでも作れます。

# 構造化

goto(ゴートゥー)という制御文を使うと、処理の流れを下のように自由に変えられます。しかし、このような無秩序な流れを作ってしまうと、混乱してしまいます。

〈goto を使った制御〉

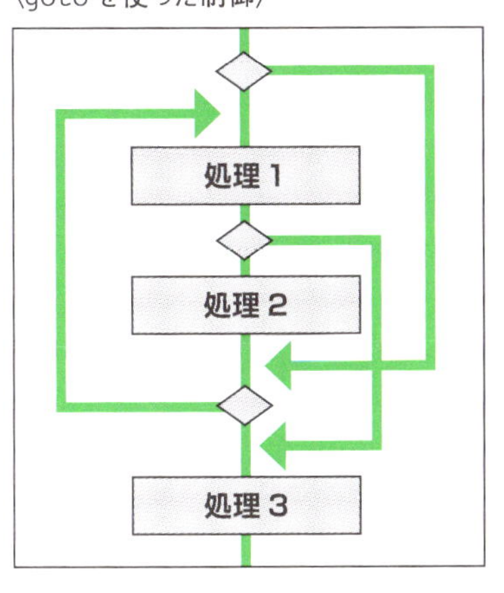


どの順番で処理されているのか、
調べるだけで大変です。

左ページの制御パターンを組み合わせて流れを作っていけば、プログラム全体の規則性を乱さずに部分的に処理の流れを変えられます。このようなプログラミング方法を「プログラムの構造化」といいます。

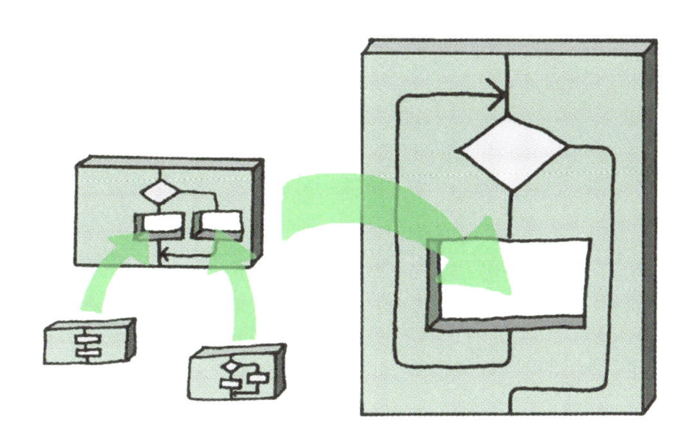

大きなプログラムの中に、
小さな部品を組み込んでいく
イメージです。

# if 文

**if は、英単語の「if（もし～だったら）」と同じ意味です。**
**C 言語の制御文の中では、最も基本的なものです。**

## if 文

if 文は条件によって処理を分けて行うときに使います。条件には比較演算子や論理演算子を使った条件式を指定します。

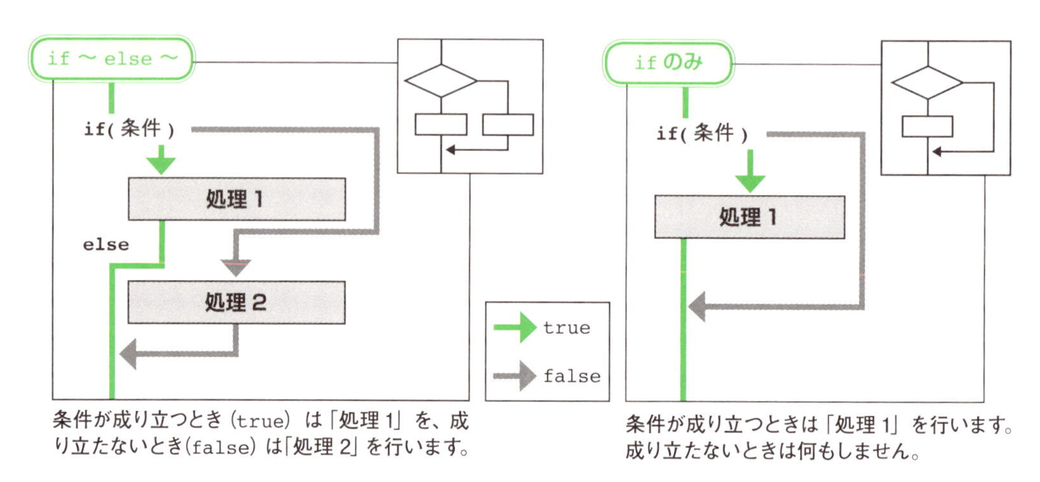


条件が成り立つとき（true）は「処理 1」を、成り立たないとき（false）は「処理 2」を行います。

条件が成り立つときは「処理 1」を行います。成り立たないときは何もしません。

### ≫ブロック

上記の「処理1」と「処理2」のところには、基本的に1つの文しか書けないことになっています。複数の処理を行いたい場合は、それらの文全体を中カッコ { } でくくって1つとみなします。これを**ブロック**といいます。

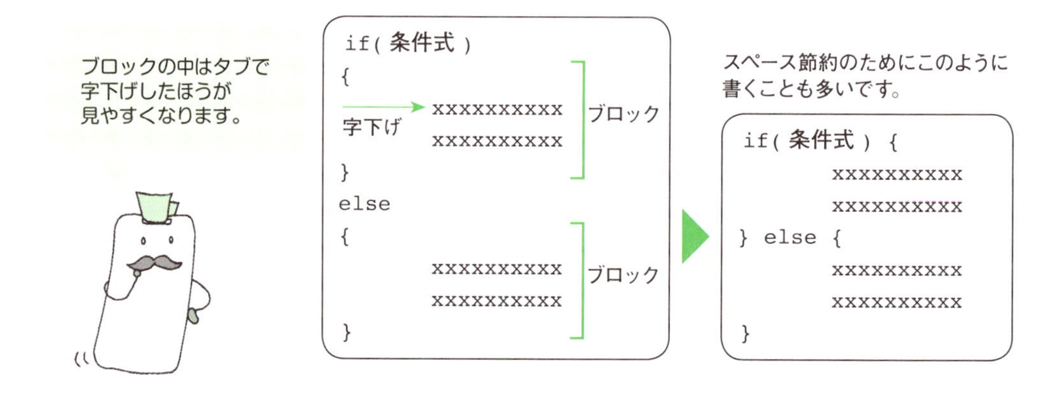

## 連続した if 文

複数の条件のどれにあてはまるかによって、それぞれ違う処理を行いたいときは、if 文を組み合わせて使います。

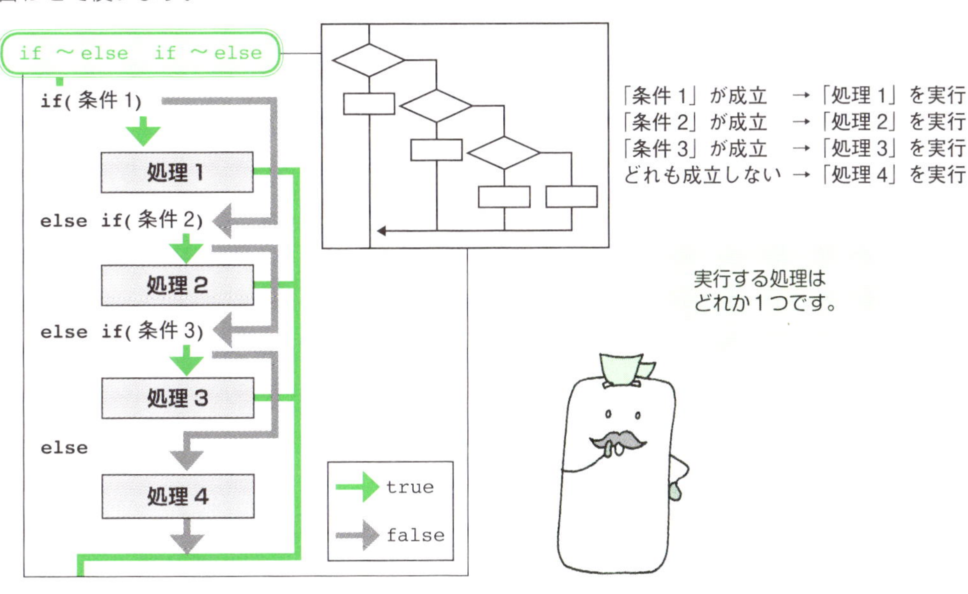

## 入れ子になった if 文

if 文をはじめとする制御文では、処理の中にさらに制御文を含められます。このような入れ子のことを**ネスト**といいます。

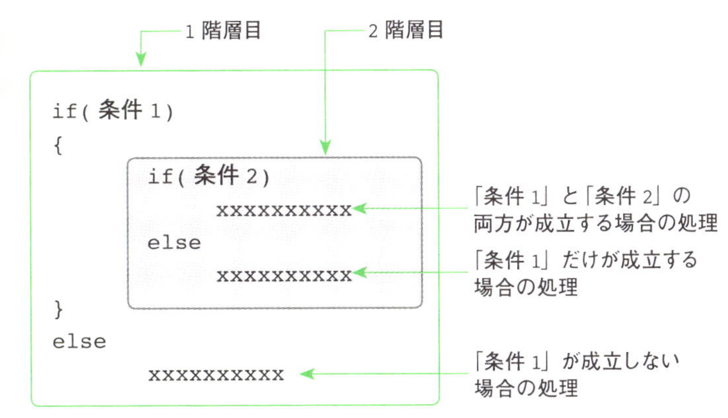

# for 文と while 文

**プログラムで同じような処理を繰り返すことがよくありますが、そんなときは、for 文や while 文を使います。**

## for 文

for 文は、繰り返し処理を効率良く行うための制御文です。普通はカウンタを用意してその値によって何回繰り返すかを決めます。

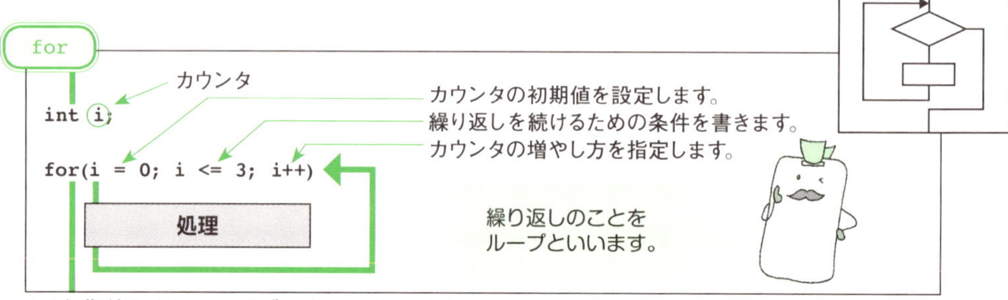


i の初期値を 0 として、1ずつ値を増やしていき、3 以下である間は処理を繰り返し実行します。

**例**

```
#include <stdio.h>

int main(int argc, char *argv[])
{
    int i;
    for(i = 1; i < 4; i++)
        printf(" こんにちは %d¥n",i);

    return 0;
}
```

変数 i に 1 を代入

" こんにちは 1" を表示

i++ を実行 (i = 2)

i < 4 なので繰り返す

" こんにちは 2" を表示

i++ を実行 (i = 3)

i < 4 なので繰り返す

" こんにちは 3" を表示

i++ を実行 (i = 4)

i < 4 ではないのでループ終了

処理の順序

**実行結果**

```
こんにちは 1
こんにちは 2
こんにちは 3
```

## while 文

while 文は、ある条件が成り立っている間だけ、処理を繰り返し実行する制御文です。for 文と異なるのは、カウンタにあたるものがないことです。主にキーボードからの入力など、繰り返す回数がわからないときに使います。

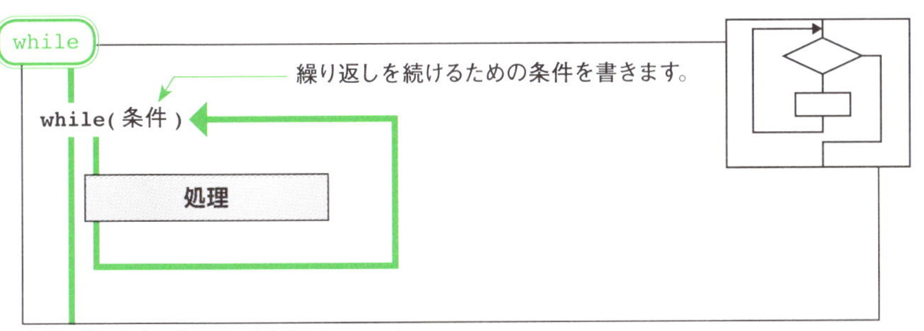

条件が成立する限り処理を繰り返します。

## do ～ while 文

do ～ while 文も、while 文と同じように繰り返しを行う制御文です。while 文では処理よりも先に条件を評価するため、最初の回で条件が成立しなければ繰り返しを1度も実行しないことがあるのに対し、do ～ while 文では条件を下に書くため、必ず1度は処理を実行します。

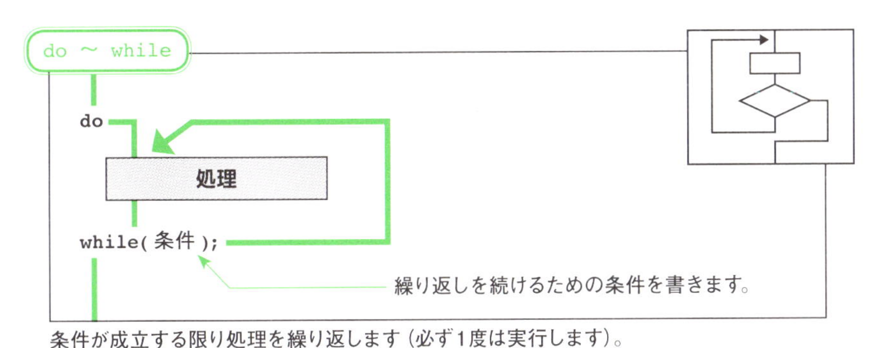

条件が成立する限り処理を繰り返します（必ず1度は実行します）。

# その他の制御文

**繰り返し処理などで流れを変えるときに使う break 文と continue 文、多くの選択肢を持つ分岐処理を行う switch 文を紹介します。**

## 繰り返しを中断する

for 文や while 文などの繰り返しを途中で中断するには、**break**（ブレーク）文を使います。プログラム実行中に break 文があると、一番近いブロックの終わりにジャンプします。

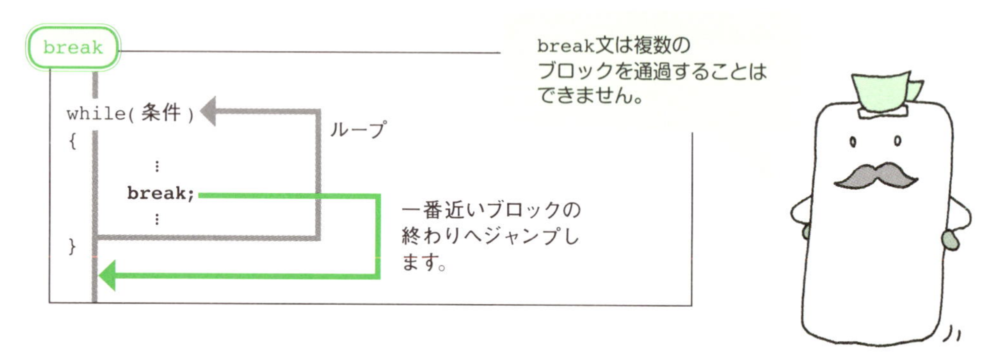

## 繰り返しの次の回に移る

実行中のループ処理を中断する break 文に対し、**continue**（コンティニュー）文は、繰り返しのその回の処理を中断し、次の回の最初から実行するという働きをします。

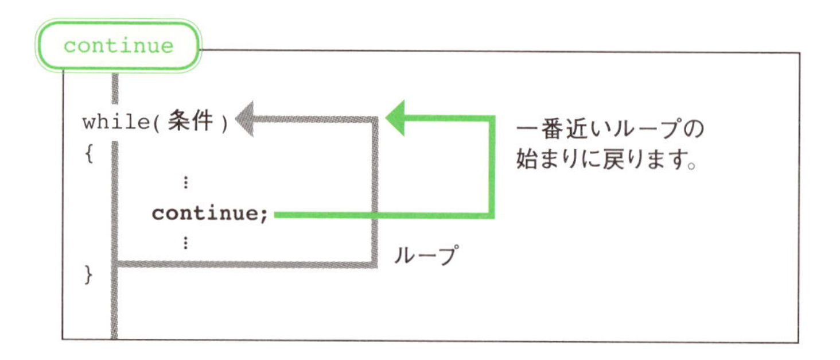

# switch 文

switch（スイッチ）文は、複数の case（ケース）という選択肢の中から式の値に合うものを選び、その処理を実行します。式の値が case のどれにもあてはまらないときは default（デフォルト）に進みます。各選択肢の最後には break 文を記述し、選択した処理のみを行うようにします。

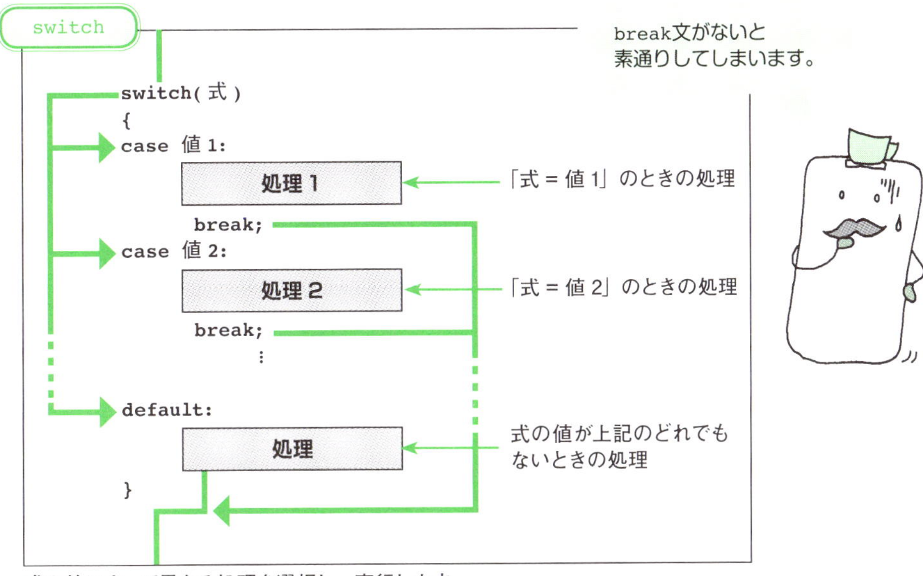


式の値によって異なる処理を選択し、実行します。

ただし、上記の「式」には、値が数値であるものだけ使えます。それ以外のときは、代わりに「if ～ else if ～ else」を使ってください。

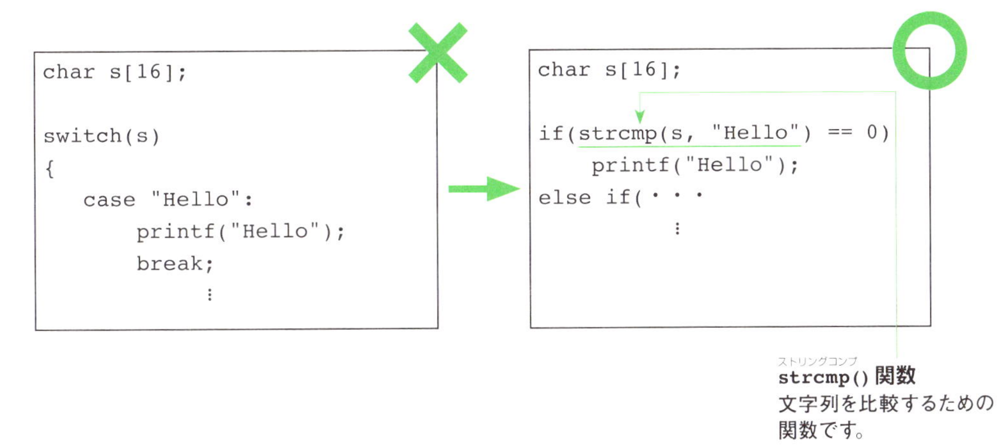

```
char s[16];

switch(s)
{
   case "Hello":
        printf("Hello");
        break;
            ⋮
```

```
char s[16];

if(strcmp(s, "Hello") == 0)
    printf("Hello");
else if( ・・・
            ⋮
```

strcmp()（ストリングコンプ）関数
文字列を比較するための関数です。

COLUMN

## ～構造化以前のプログラム～

構造化という考え方はオランダのE・W・ダイクストラ氏らが 1970 年頃に考え出した方法です。この考え方は発表当時から支持され、現在では、プログラミングの基本ともなっています。第 2 章でも触れましたが、構造化のありがたみは、構造化されていないプログラミングを経験してみないと、なかなかわからないかもしれません。そこで、構造化の考え方がプログラミングに取り入れられる前のお話を少ししてみたいと思います。

日本における 1980 年代のパソコンブームでは BASIC が主な言語でした。BASIC はもともとは構造化プログラミングを想定した言語ではありませんでしたので、制御の流れを変えるには goto（ゴートゥー）文を使うしかありませんでした。その結果、流れの入り組んだたいへんわかりにくいプログラム、俗にスパゲッティプログラムといわれるものが濫造されることになりました。その当時は構造化という考え方はあまり一般的ではなかったのです。

その後、Visual Basic で BASIC にも構造化の仕様が取り入れられました。今ではほとんどの言語で構造化プログラミングができます。ただし、規模が大きくなることがない一部のスクリプト言語には構造化できないものもあります。

# 3

# 制御の活用

## プログラミングを始めよう！

この章では、例題を解きながら、プログラムを作るためのコツを学んでいきます。正しく動くプログラムを作るためのキーとなるのが、第２章で紹介した制御文です。また、慣れてきたら、正しく動かすだけではなく、より効率的になるように工夫してみましょう。「こういうときはこの制御文を使うとこれだけで済む」「この制御文とこの制御文を組み合わせると実はこんな動きになる」など、プログラミング初心者には意外な発見があるかもしれません。

この章で使用している制御文は、すべて第２章で紹介したものです。制御文について心配な人は、第２章を再確認しながら読み進めてください。参考までに、第２章で紹介した制御文のポイントを次に挙げておきます。

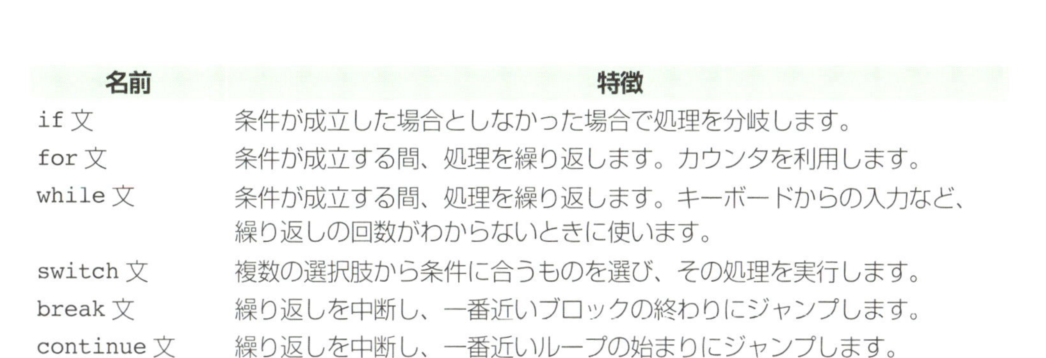

| 名前 | 特徴 |
| --- | --- |
| if 文 | 条件が成立した場合としなかった場合で処理を分岐します。 |
| for 文 | 条件が成立する間、処理を繰り返します。カウンタを利用します。 |
| while 文 | 条件が成立する間、処理を繰り返します。キーボードからの入力など、繰り返しの回数がわからないときに使います。 |
| switch 文 | 複数の選択肢から条件に合うものを選び、その処理を実行します。 |
| break 文 | 繰り返しを中断し、一番近いブロックの終わりにジャンプします。 |
| continue 文 | 繰り返しを中断し、一番近いループの始まりにジャンプします。 |

「こんなプログラムを作ってほしい」といわれたときに、すぐに「あの制御文とこの制御文を組み合わせればよさそうだな…」と思いつくのは、かなりプログラミングに慣れているプログラマです。この感覚は本書を読んだからといってすぐに身につくものではありませんが、この章を読んで、少しでもそのヒントとなるものを見つけてみてください。

# 1から5までの和

**1+2+3+4+5 を計算するプログラムを作りましょう。**
**1+2+・・・・・+10000 にも簡単に対応できるプログラムにします。**

## 単純なプログラムの例

一番簡単なプログラムは次のようなものです。

```
#include <stdio.h>
int main(int argc, char *argv[])
{
   printf("%d¥n", 1 + 2 + 3 + 4 + 5);
   return 0;
}
```

これでも間違いではありませんが、10000までの和だったら入力するのが大変ですね。

1+2+3+4+5+6+・・・

## 応用のきくプログラムの例

1から10000の和にも応用できるプログラムは次のように作ります。

### »値を作る

for 文を使えば、1から5までの数を自動的に作れることに注目します。

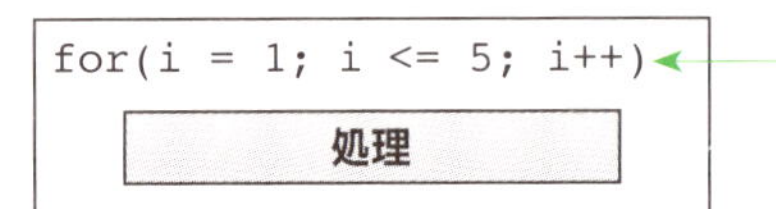


i の初期値を 0 として、1 ずつ値を増やしていき、5 以下の間は処理を繰り返し実行します。

これなら、1から10000でも簡単に作れます。

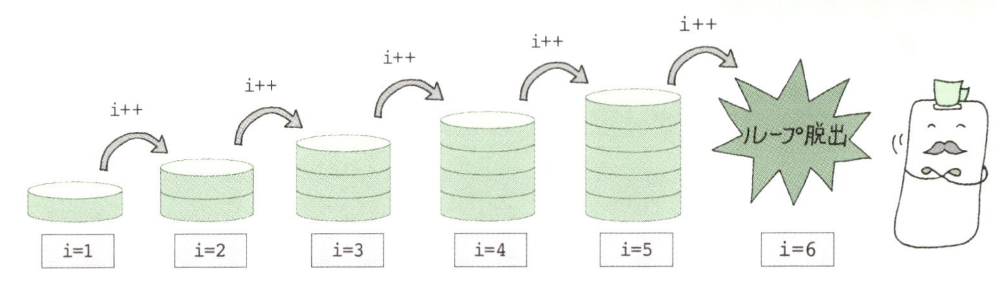

### ≫値を足す

変数 n（初期値は 0）を用意し、for ループで作った 1 から 5 までを、順番に加えていきます。

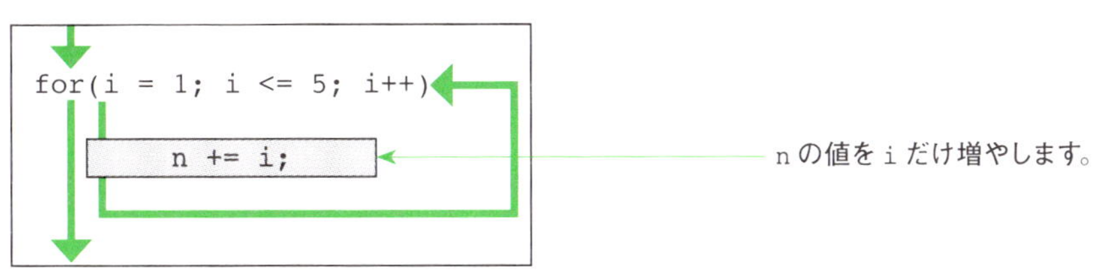


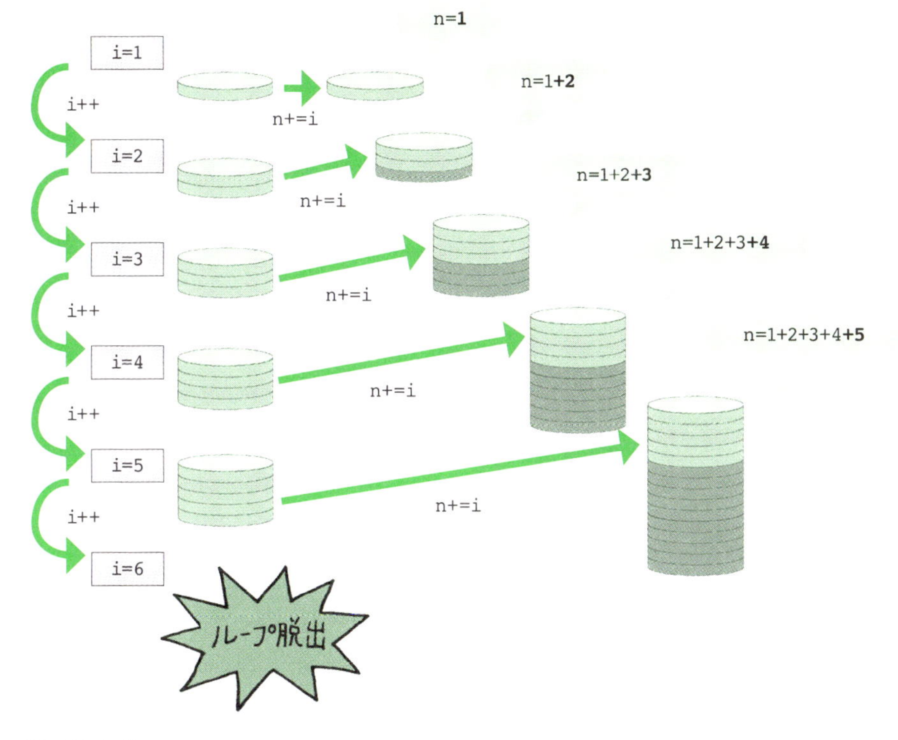


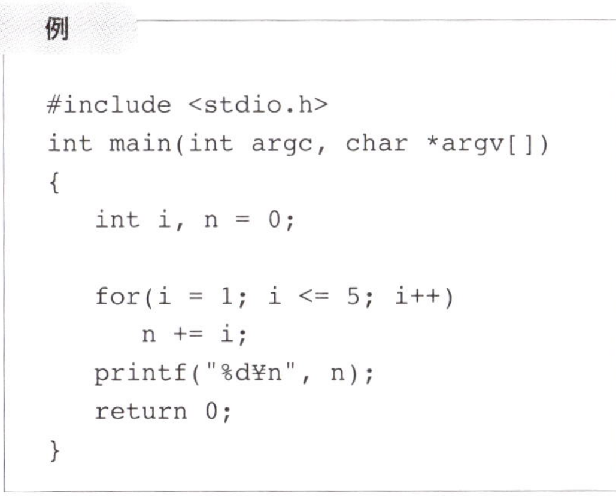

例

```
#include <stdio.h>
int main(int argc, char *argv[])
{
    int i, n = 0;

    for(i = 1; i <= 5; i++)
        n += i;
    printf("%d¥n", n);
    return 0;
}
```

# 配列から値を見つける(1)

**配列から特定の数値を見つけるプログラムを作りましょう。**

## 配列から「7」を探す

配列から7を探すには、

| **数値が7かどうかを調べて、7なら表示する** |
|---|

という処理を、配列に格納されているすべての数値に対して行います。

### ≫7かどうかを調べて、表示する

7かどうかは if 文で簡単に調べられます。

```
if(n == 7)
    printf("7があったよ。");
```

### ≫配列を順番に見て、7かどうかを調べて表示する

配列の中をすべて見ていくには、for 文が便利です。

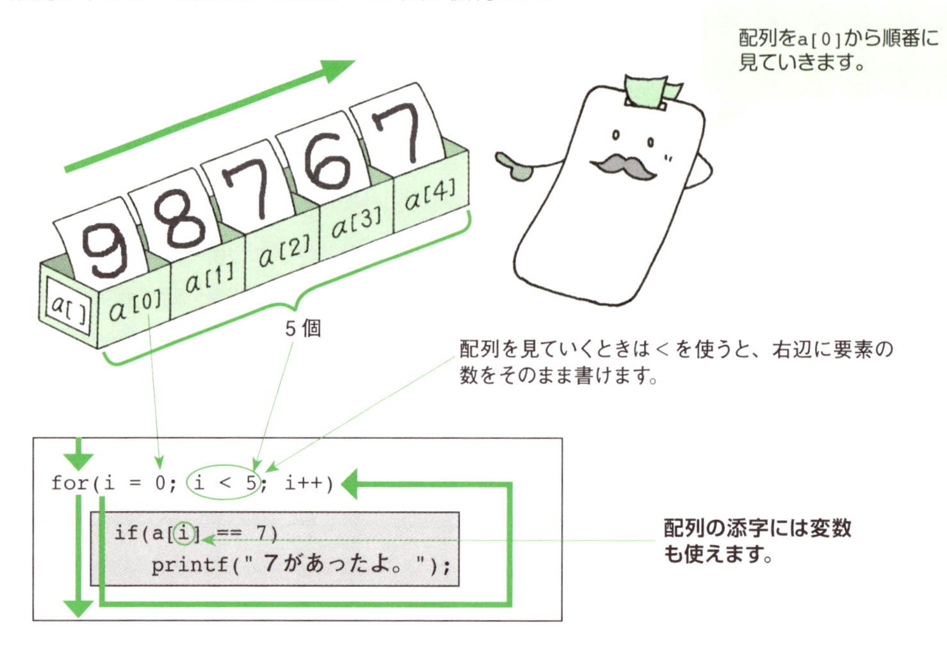

このプログラムは、次のように動きます。

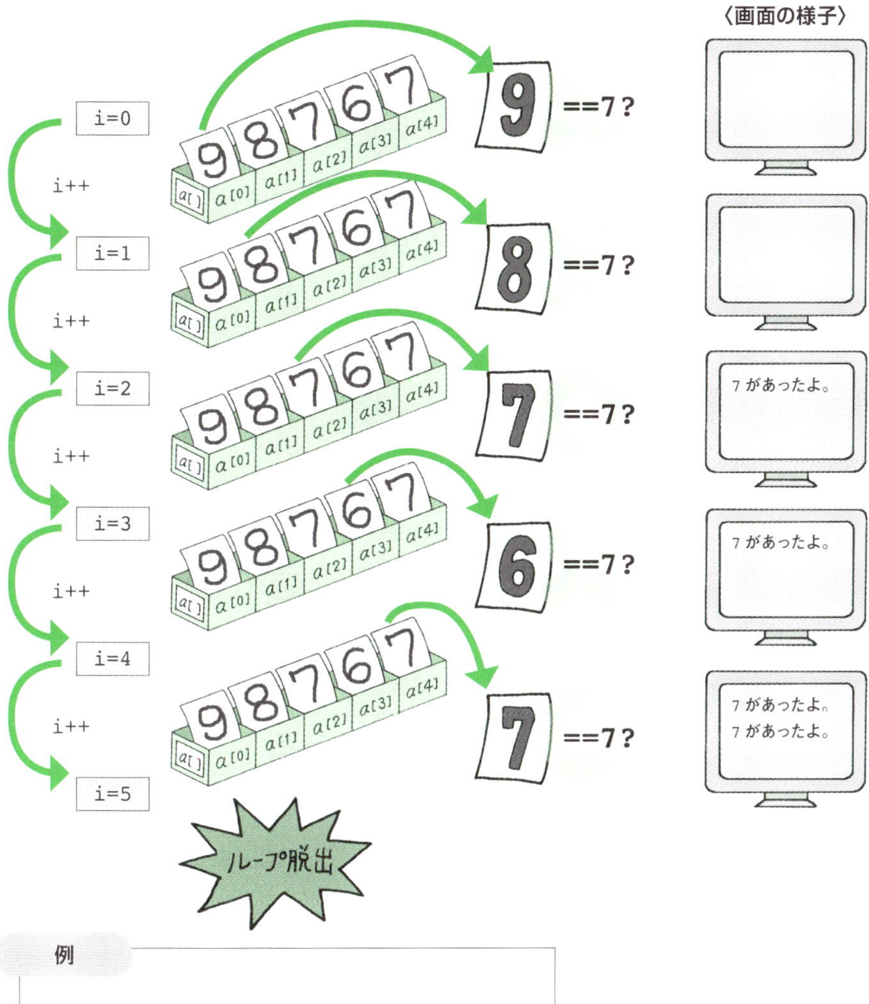


**例**

```
#include <stdio.h>

int main(int argc, char *argv[])
{
    int a[] = {9, 8, 7, 6, 7};
    int i;

    for(i = 0; i < 5; i++){
        if(a[i] == 7)
            printf("7があったよ。¥n");
    }
    return 0;
}
```

**実行結果**

```
7があったよ。
7があったよ。
```

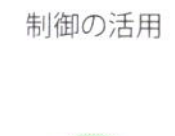

# 配列から値を見つける（2）

**P. 47 のプログラムを改造して、
いろいろなバリエーションを作ってみましょう。**

## 7がいくつあるか数える

7が見つかったときだけ増える変数を作ると、7がいくつあるか数えられます。

```
int n = 0;
for(i = 0; i < 5; i++){
  if(a[i] == 7){
    printf(" 7があったよ。¥n");
    n++;
  }
}
printf(" 7は %d 個あったよ。¥n", n);
```

nは7の個数を表します（初期値は0にしておきます）。

7が見つかったときだけ、nに1足します。

全部見おわったら、数を表示します。

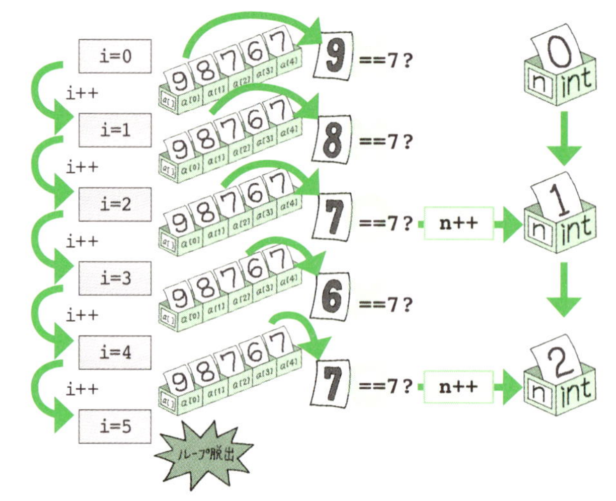


でも、このプログラムでは、7が見つからなかったときに、「**7は0個あったよ。**」と表示されてしまいます。そこで、最後の1行を次のように変更します。

```
if(n == 0)
   printf(" 7はなかったよ。¥n");
else
   printf(" 7は %d 個あったよ。¥n", n);
```

7のない配列で
チェックしてみましょう。

# 7をひとつ見つけたら終了する

7が見つかったらbreak文でループを終了します。

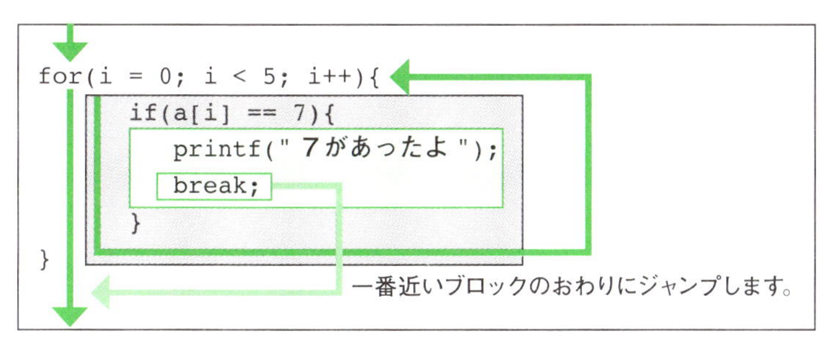


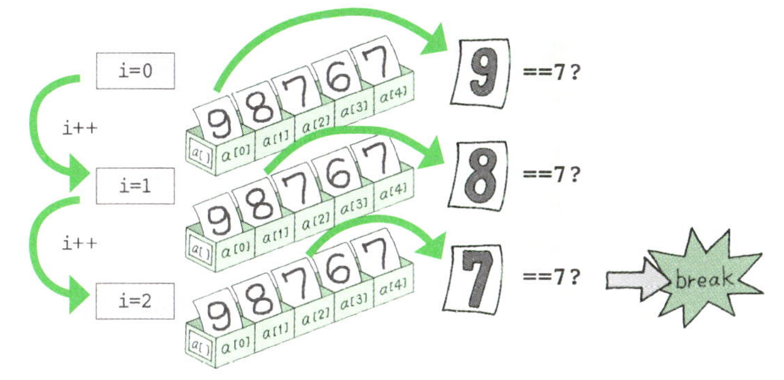


例

```
#include <stdio.h>

int main(int argc, char *argv[])
{
    int a[] = {9, 8, 7, 6, 7};
    int n = 0, i;

    for(i = 0; i < 5; i++){
        if(a[i] == 7){
            printf("7があったよ。¥n");
            n = 1;
            break;
        }
    }
    if(n == 0)
        printf("7はなかったよ。¥n");
    return 0;
}
```

7が見つからなかったときのための処理

実行結果

```
7があったよ。
```

# 平均をとる

**配列に格納されている数値の平均を求めるプログラムを作りましょう。要素数が増えても使えるプログラムにします。**

## 単純なプログラムの例

一番簡単なプログラムは次のようになります。

```
#include <stdio.h>

int main(int argc, char *argv[])
{
   int a[ ]={70, 80, 60, 90};

   printf("%d", (a[0]+a[1]+a[2]+a[3]) / 4);
   return 0;
}
```

## 応用のきくプログラムの例

自動的に配列の数値の和を求められれば、要素数が増えても応用がききそうです。

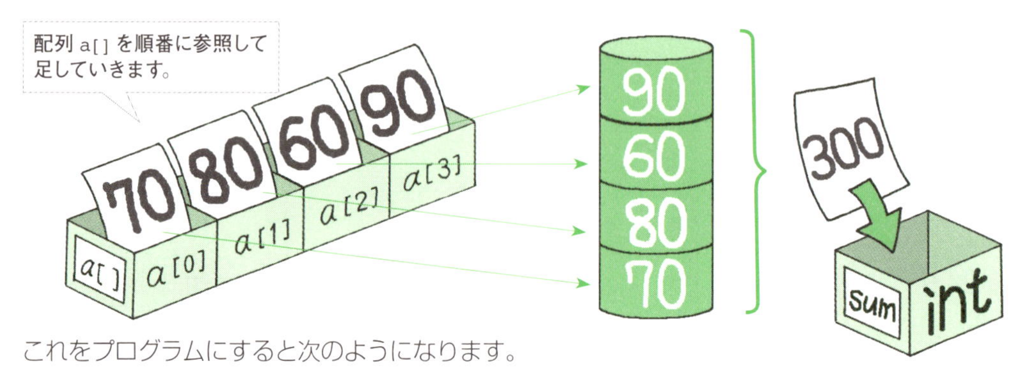


これをプログラムにすると次のようになります。

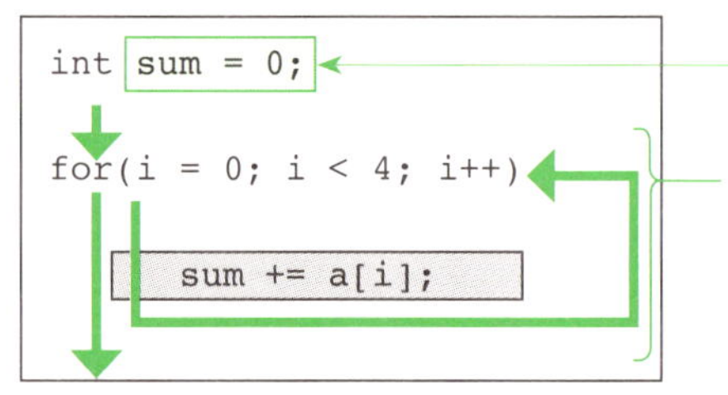


要素の合計を格納するための変数です（初期値は 0 にしておきます）。

配列 a[0] から a[3] までの値を足していきます。

プログラムは、次のように動きます。

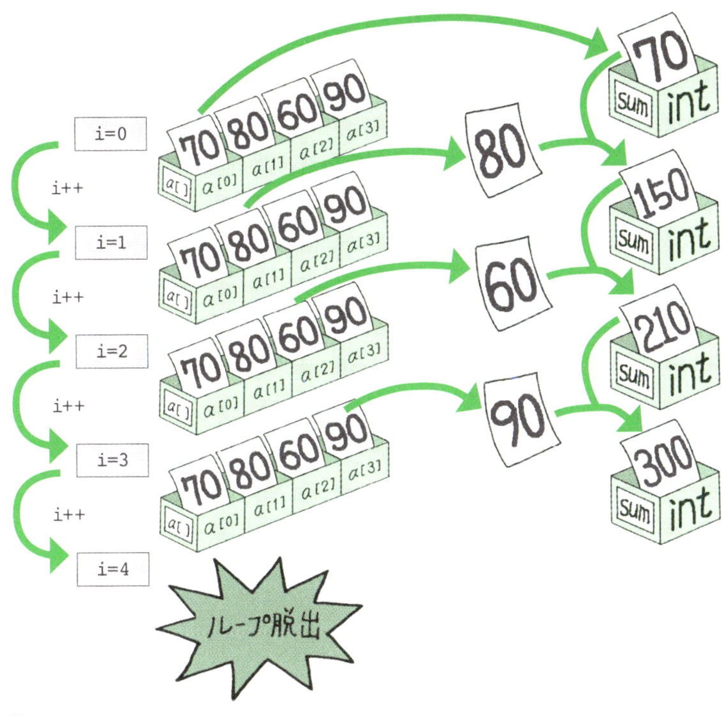


### ≫平均を求める

和を要素数で割れば、平均を求められます。

```
printf("%d¥n", sum / 4);
```

**例**

```
#include <stdio.h>

int main(int argc, char *argv[])
{
    int a[] = {70, 80, 60, 90};
    int i, sum = 0;

    for(i = 0; i < 4; i++)
        sum += a[i];
    printf("平均は %d です。¥n", sum / 4);
    return 0;
}
```

**実行結果**

```
平均は 75 です。
```

# 棒グラフを描く

**配列の数値を棒グラフにするプログラムを作りましょう。**

## 棒グラフを作る

今回は *（アスタリスク）を使って、次のような棒グラフを作ることにします。

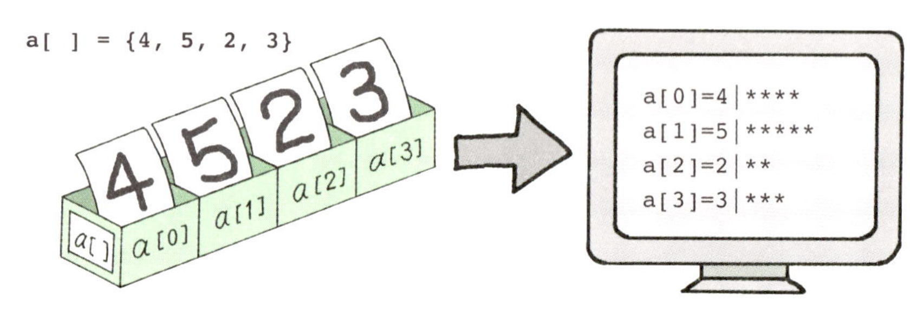


**1行ぶんのグラフが作れれば、あとは同じ作業の繰り返し**ということに注目します。

### » 1行ぶんのグラフを表示する

a[0] ぶんを表示してみましょう。* を数値ぶんだけ表示すれば、その長さの棒グラフを作れます。ここでも for 文が使えます。

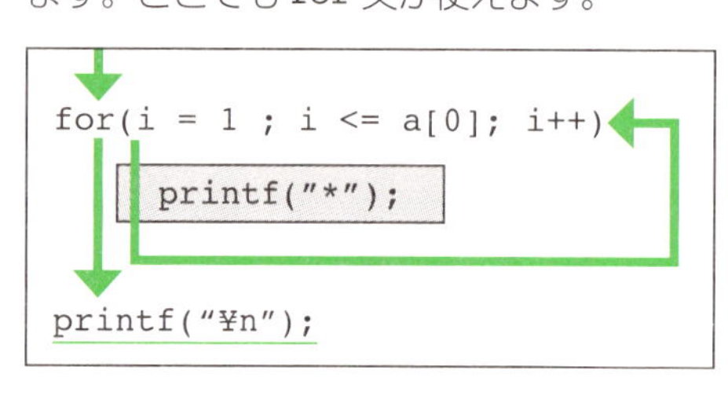

```
for(i = 1 ; i <= a[0]; i++)
    printf("*");
printf("¥n");
```

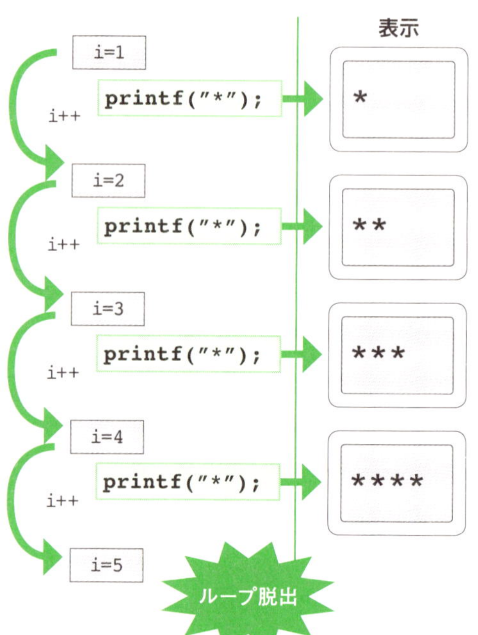


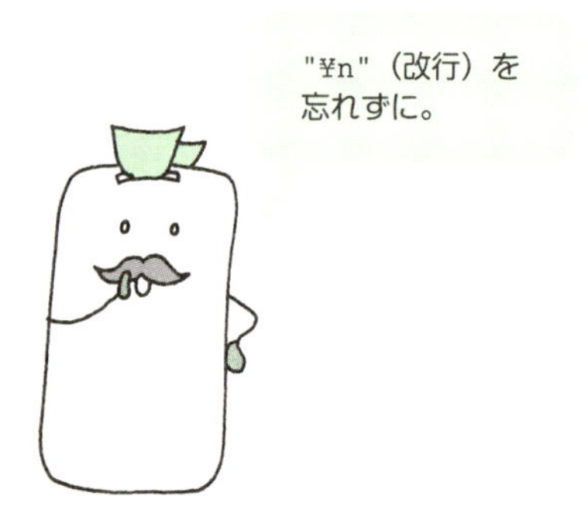

## » for ループで配列の終わりまで繰り返す

もういちど for 文を使って、今度は配列の終わりまで見ていきます。中のループで棒グラフを作り、外のループで配列の要素数のぶんだけ繰り返します。

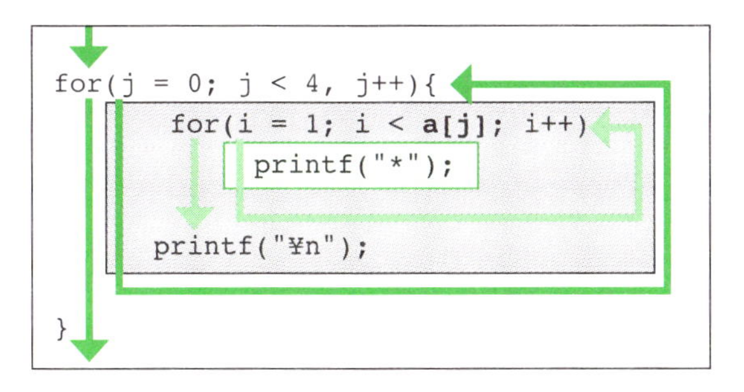


カウンタiとjの
使い方を間違えない
ようにしましょう。

例

```
#include <stdio.h>

int main(int argc, char *argv[])
{
    int a[] = {4, 5, 2, 3};
    int i, j;

    for(j = 0; j < 4; j++){
        printf("a[%d]=%d|", j, a[j]);
        for(i = 1; i <= a[j]; i++)
            printf("*");
        printf("¥n");
    }
    return 0;
}
```

実行結果

```
a[0]=4|****
a[1]=5|*****
a[2]=2|**
a[3]=3|***
```

# 2つの文字列の連結

**2つの文字列を連結して1つの文字列にしましょう。**

## 2つの文字列を連結する

文字列 a[ ] に b[ ] を連結するイメージは次のようになります。

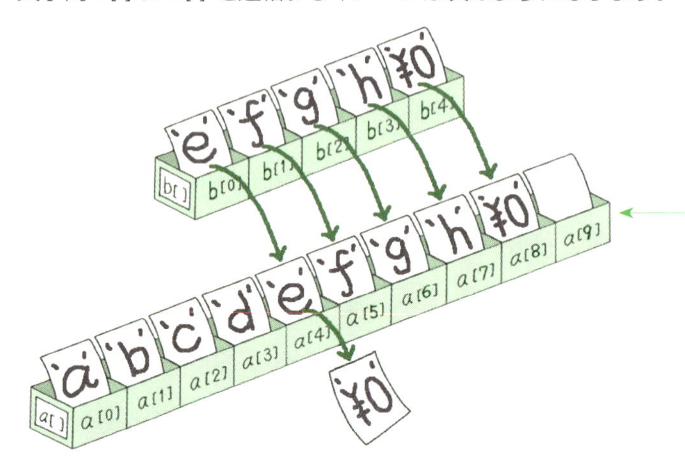


**文字列の a[ ] の終わりを調べて、そこから文字列 b[ ] の文字を1ずつ代入**していくプログラムを作ります。

### ≫文字列 a[ ] の終わりを調べる

文字配列の終わりは必ず '¥0'（NULL 文字）です。この '¥0' を探すために、while ループを使います。

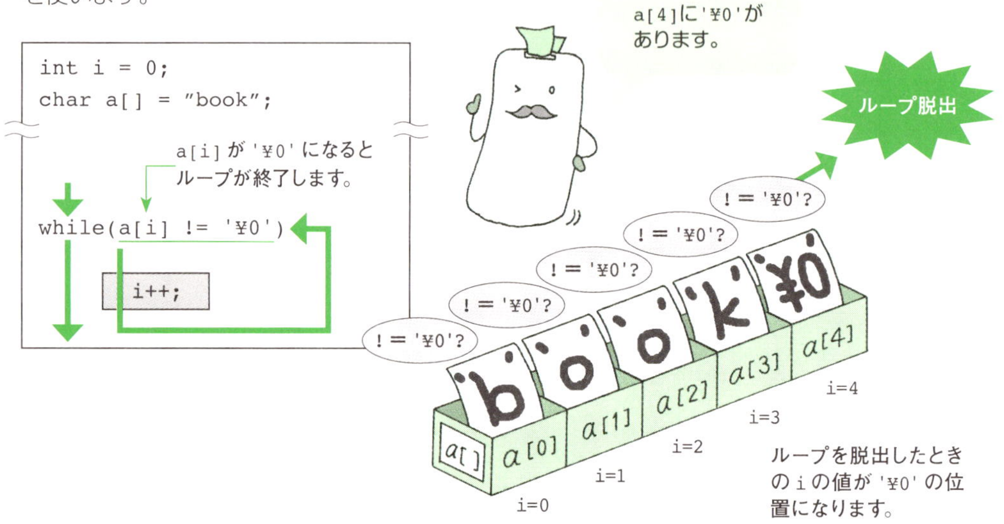

## » 1 文字ずつ代入していく

続けて、a[ ] に文字を代入していきます。ここでも while ループを使います。

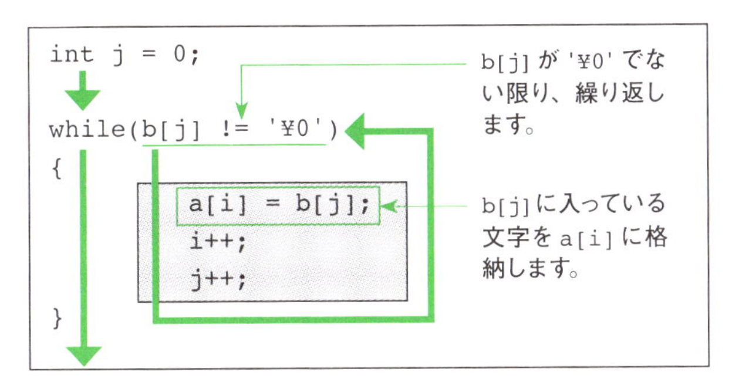


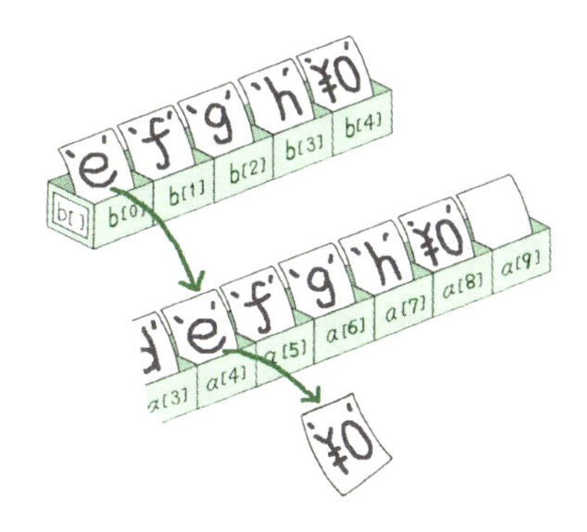

## » NULL 文字を確認する

文字列は終わりに NULL 文字（'¥0'）がないと、正しく表示されません。このプログラムでは文字列 b[ ] の '¥0' は代入されないので、自分で入れましょう。

```
a[i] = '¥0';
```

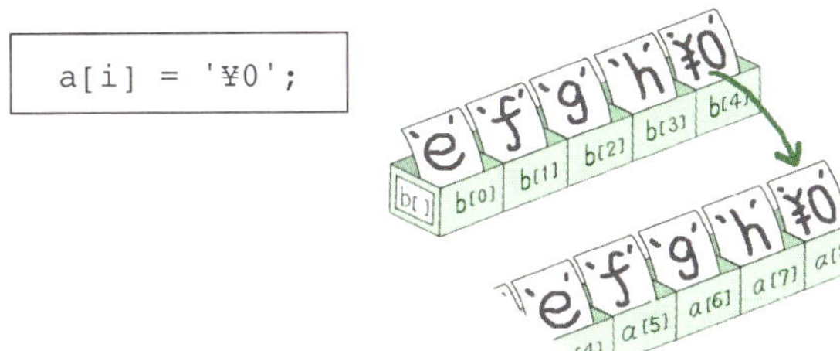

例

```
#include <stdio.h>

int main(int argc, char *argv[])
{
    int i = 0, j = 0;
    char a[12] = "book", b[] = "marks";

    printf("%s+%s=", a, b);
    while(a[i] != '¥0')
        i++;
    while(b[j] != '¥0'){
        a[i] = b[j];
        i++;
        j++;
    }
    a[i] = '¥0';
    printf("%s¥n", a);
    return 0;
}
```

実行結果

```
book+marks=bookmarks
```

# 逆さに読むと

**文字列を逆さに表示してみます。**
**配列の添字の変化に注目しましょう。**

## 文字列を逆さに表示する

文字列 a[] を逆さに表示するには、いろいろな方法があります。

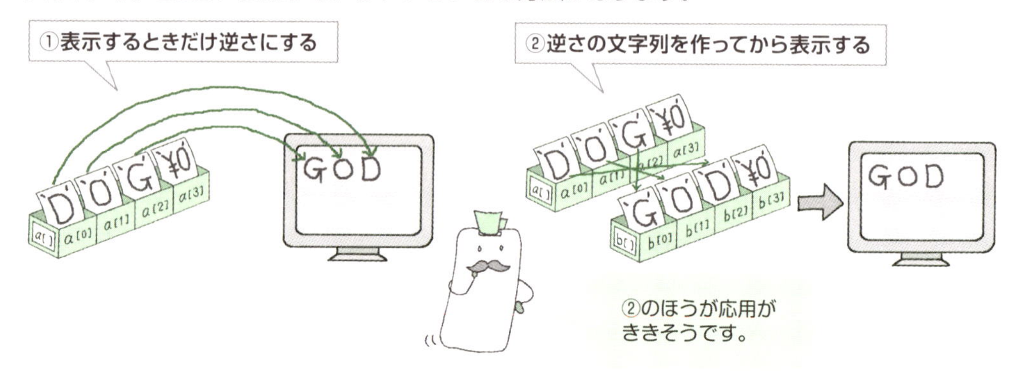


②では、**文字列 a[] を終わりの文字から順に文字列 b[] に格納していきます。**
これをプログラムにしてみましょう。

## 逆さの文字列を作る

**≫文字列の最後の文字から見ていく**

次のように for ループを作ります。実は文字列の終わりは strlen()（ストリングレン）関数を使えば簡単に求められます。

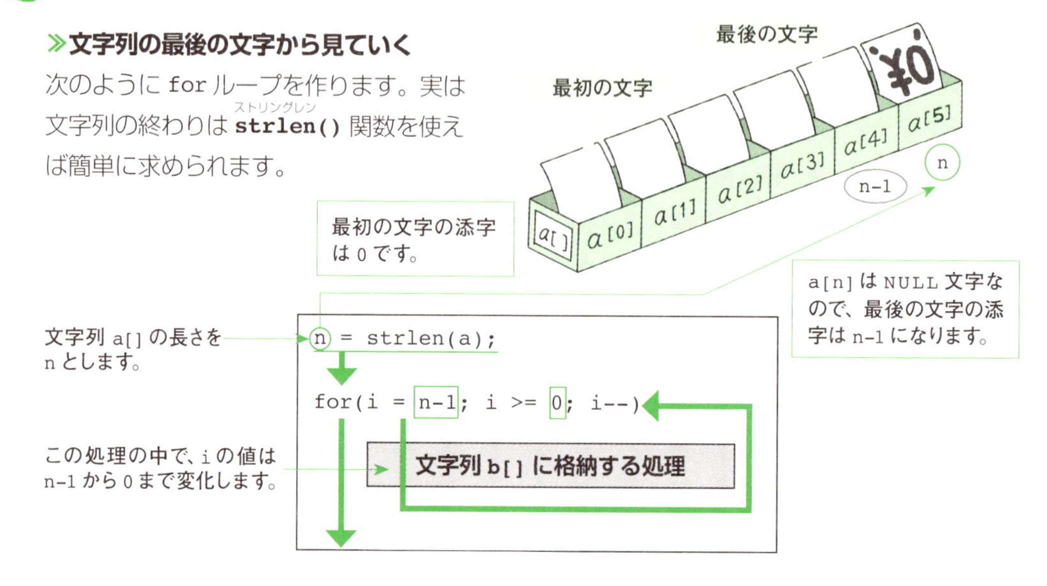

## ≫文字列 b[] に格納する

文字列 b[] に逆順に格納するために、文字列 a[]、b[] の対応を確認しましょう。

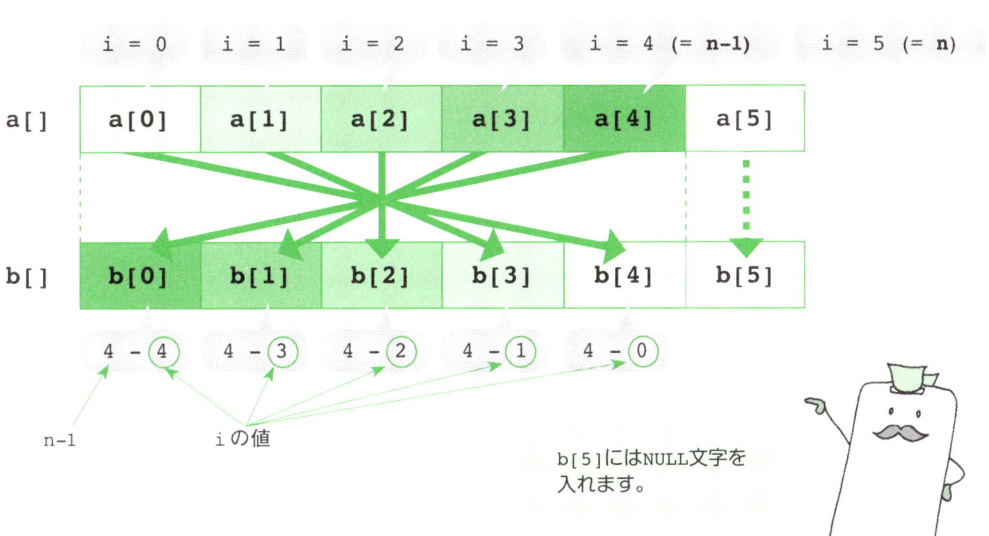


b[5]にはNULL文字を入れます。

a[i] に対応する b の要素は次のようになります。

```
b[n-1-i]
```

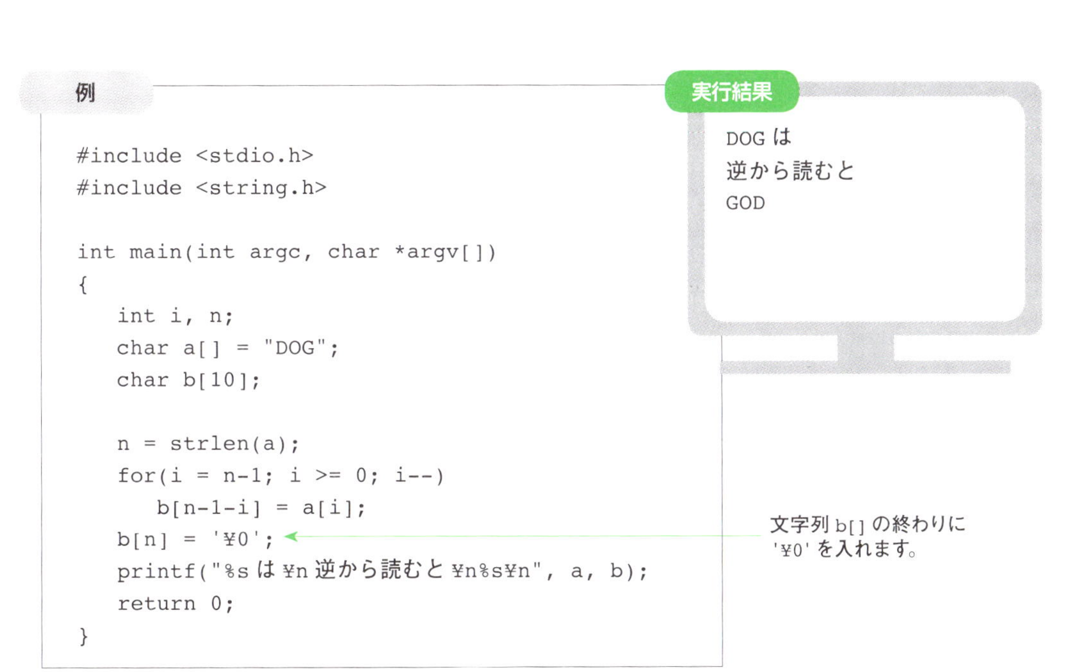


```
#include <stdio.h>
#include <string.h>

int main(int argc, char *argv[])
{
    int i, n;
    char a[] = "DOG";
    char b[10];

    n = strlen(a);
    for(i = n-1; i >= 0; i--)
        b[n-1-i] = a[i];
    b[n] = '¥0';
    printf("%s は ¥n 逆から読むと ¥n%s¥n", a, b);
    return 0;
}
```

文字列 b[] の終わりに '¥0' を入れます。

# ファイルの内容を表示する

ファイルを最後まで読み込み、行番号をつけて表示するプログラムを作りましょう。

## ファイルを最後まで読み込んで表示する

「ファイルから文字列を1行ぶん読み込んで表示する」という処理を繰り返し、ファイルの最後になると終了するプログラムを作ります。

### »ファイルを読み込んで表示する

ファイルから文字列を1行ずつ読み込むには、**fgets()**（エフゲットエス）関数が便利です。

```
fgets(s, 255, fp);
printf("%s", s);
```

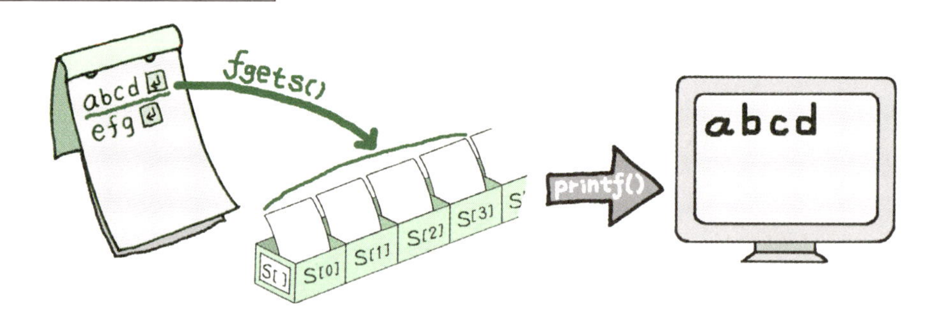


### »行を数えながら、ファイルの最後まで繰り返す

whileループでファイルの最後に来るまで処理を繰り返します。ファイルの最後を知るためには、**feof()**（エフイーオーエフ）関数を使います。

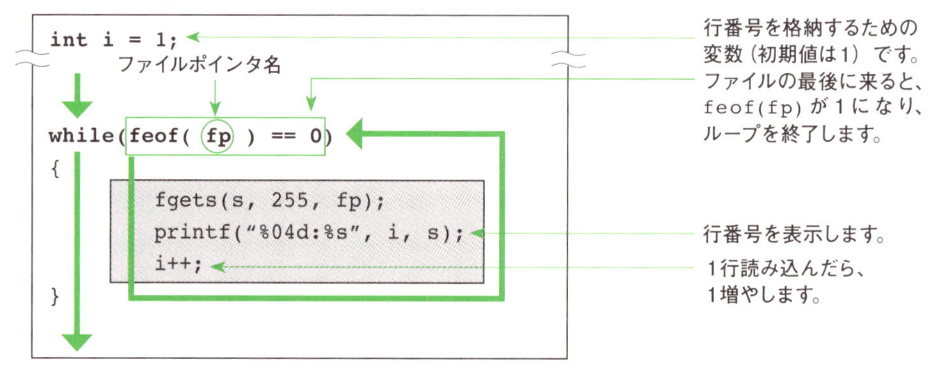

このループは、次のように動きます。

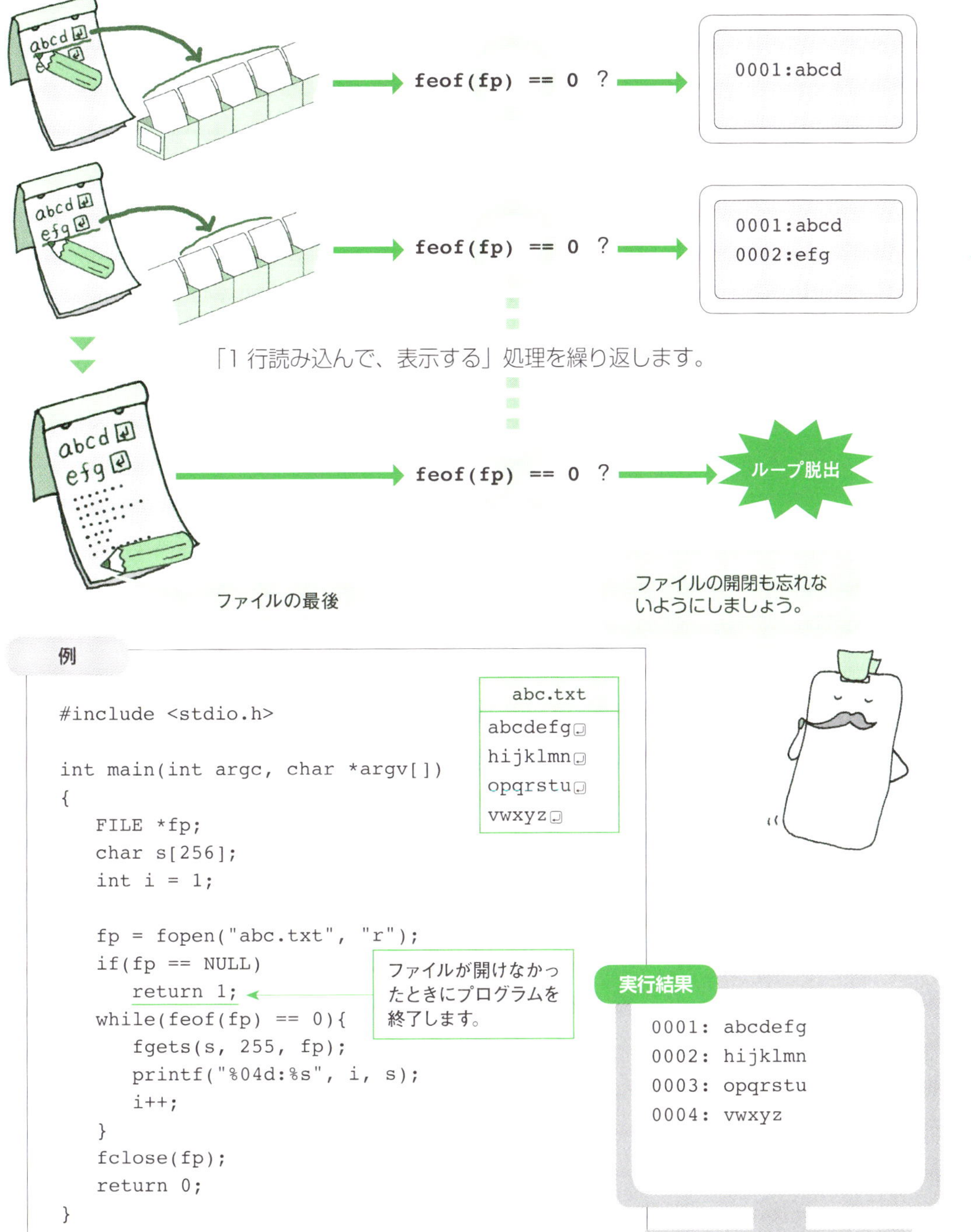


**例**

```
#include <stdio.h>

int main(int argc, char *argv[])
{
    FILE *fp;
    char s[256];
    int i = 1;

    fp = fopen("abc.txt", "r");
    if(fp == NULL)
        return 1;
    while(feof(fp) == 0){
        fgets(s, 255, fp);
        printf("%04d:%s", i, s);
        i++;
    }
    fclose(fp);
    return 0;
}
```

ファイルが開けなかったときにプログラムを終了します。

| abc.txt |
| --- |
| abcdefg↵ |
| hijklmn↵ |
| opqrstu↵ |
| vwxyz↵ |

**実行結果**

```
0001: abcdefg
0002: hijklmn
0003: opqrstu
0004: vwxyz
```

※abc.txt の各行の終わりには改行を入れます。

# 表？裏？コイン投げゲーム

**キーボードから答えを入力して、あたりはずれを表示するゲームを作りましょう。**

## コイン投げゲームの説明

次のようなゲームができるプログラムを作りましょう。

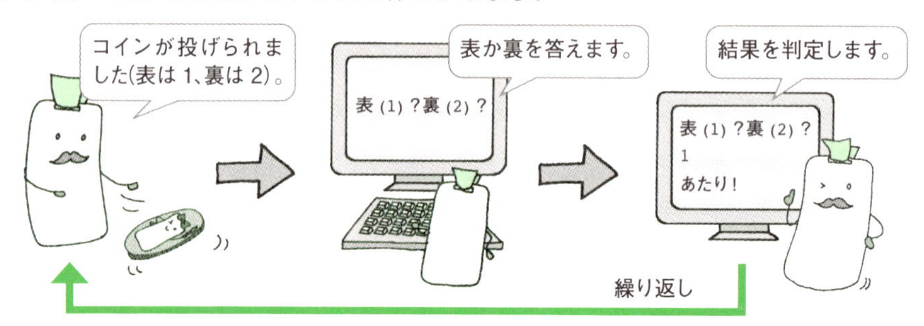


## プログラムを作る

このゲームを、「コインを投げる」→「入力された答えを読み込む」→「読み込んだ値を判断する」という処理の流れどおりに作っていきましょう。

### »コインを投げる

nで割った余りは0〜n-1になります。

プログラム内で算出された数値が1か2かで表か裏かを決めることにします。算出の結果が不規則になるように **rand()**（ランダム）関数を使います。

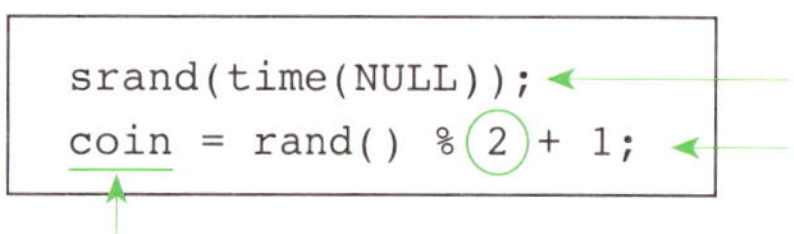

```
srand(time(NULL));
coin = rand() % 2 + 1;
```

srand(time(NULL)); ← このように書くと毎回違った乱数が作れます。

rand() % 2 + 1; ← rand( )では、かなり大きい正の値が得られてしまいますが、2で割った余りは0か1になるので、それに1を足して1と2を作ります。

coin ← コイン投げの結果を格納する変数

### »入力された答えを読み込む

キーボード入力された文字を読み込むには、**scanf()**（スキャンエフ）関数を使います。

```
scanf("%d", & you);
```

### ≫読み込んだ値を判断する

入力された値を次のように場合分けして処理します。

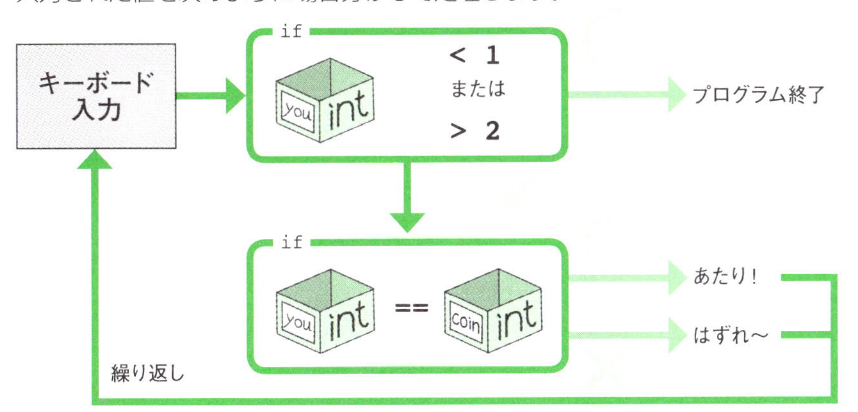

※ 太字はキーボードから入力した文字

例

```
#include <stdio.h>
#include <string.h>
#include <time.h>      ← time() 関数に必要
#include <stdlib.h>    ← rand() 関数に必要

int main(int argc, char *argv[])
{
    int you;    /* 答え */
    int coin;   /* コイン投げの結果 */
    char muki[][10] = {"", "表", "裏"};/* 結果データ */
                 表が [1]、裏が [2] になるように調整します。
    srand(time(NULL));
    printf("表は 1、裏は 2、終了は他の値を入力してください。¥n");
    while(1){
        coin = rand() % 2 + 1;
        printf("コインを投げました。表？裏？：");
        scanf("%d", &you);
        if(you < 1 || you > 2)     ← 1 か 2 以外の数字を入力したときに
            break;                    プログラムを終了します。
        else{
            printf("あなた：%s   コイン：%s¥n", muki[you], muki[coin]);
            printf("%s¥n", (you == coin) ? "あたり！" : "はずれ～");
        }           you と coin の値が同じなら「あたり！」、
        printf("¥n");   そうでなければ「はずれ～」と表示します。
    }
    return 0;
}
```

実行結果

```
表は 1、裏は 2、終了は他の値を入力してください。
コインを投げました。表？裏？：1
あなた：表    コイン：表
あたり！
```

## COLUMN

# ～スタックとキュー～

スタックとキューは、どちらもバッファ（データ処理のために一時的に利用されるメモリ領域）にデータを格納したり取り出したりするときの方式を表す言葉です。

スタックとはデータを格納したのとは逆の順で取り出す方式です。たとえば、次図のように、ひとつしか穴のない入れ物に、ラムネを入れていくと、入れた順とは逆にしか取り出せませんね。

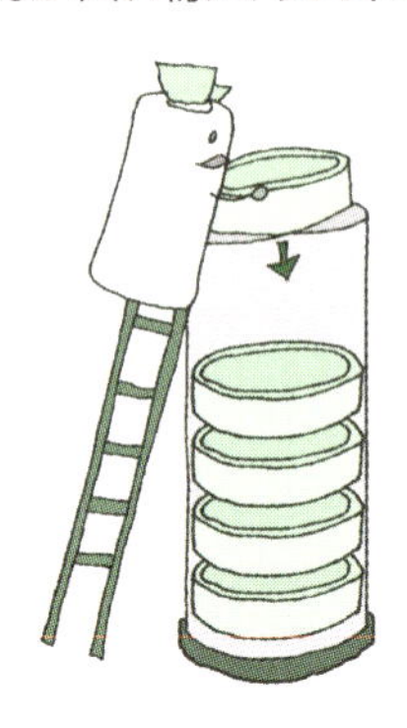

この方式で格納されるものとして、C言語の関数の中で宣言されるローカル変数があります。関数に処理が移るとその関数のローカル変数用のメモリが専用の領域に確保されます。そして、関数から抜けると、確保したメモリは解放されます。再帰処理（第４章参照）で関数の参照回数が多過ぎると、いつまでもローカル変数のメモリ領域がスタックから解放されず、スタック領域不足に陥ることがあります。このようなときは、コンパイラの設定で、スタック領域の大きさを広げる必要があります。ちなみに`malloc()`関数（P. 25）などでの動的なメモリ確保では、スタックではなく、ヒープという領域を使います。

キューはデータを格納した順に取り出す方式です。入り口と出口が決まっているので、ラムネは入れた順に取り出せます。この方式は、身近なところではキーボードの入力バッファで使われています。キーボードの入力速度が速く、コンピュータの受付処理が追いつかないとき、入力された文字情報は一時的に入力バッファに溜まります。そして、コンピュータの受付準備が整うと、入力された順に文字情報が取り出され、処理されます。

スタックとキューは一見なじみのない考え方に思えますが、実際にはいろいろな場面で使われています。

# 4

# 関数の利用

## 魔法のブラックボックス

この章では、関数について学びます。第１章の冒頭で少し触れたとおり、関数とは、「一連の処理の集まり」です。そして、C言語のプログラムは関数が集まってできています。

C言語には、便利な関数がいろいろ用意されています。たとえば、`strcat()`（ストリングキャット）関数を使うと、連結したい文字列を ( ) 内に２つ指定するだけで、第３章「２つの文字列の連結」で作ったプログラムと同じことができます。`strcat()` や、`printf()`、`strcpy()`（ストリングコピー）など、C言語があらかじめ用意している関数のことを**標準ライブラリ関数**といいます。標準ライブラリ関数は、面倒な処理を記述することなく、いろいろな機能を実現できるので、これを利用しない手はありません。いってみれば、関数は便利な魔法のブラックボックスなのです。

## プログラミングと関数

プログラマが独自の関数を作ることもできます。少し手間がかかりますが、一度作ればプログラムの他の場所でも使えるので、たいへん便利です。

たとえば、何行にもわたる処理の記述があり、これと同じことをいろいろな場面で行うときは、その処理を関数にまとめておきます。そうすれば必要な場面では関数を呼び出すだけで処理できるので、記述の面でも楽になります。利用する場面ごとに処理したい内容が微妙に異なるときは、引数（ひきすう）というしくみでそれぞれの場面における値を渡し、関数内の処理を変化させることもできます。

もしも、関数がなかったら、`main()`関数の中に、何十行、何百行のソースコードを書かなければいけません。本書の後半では実践的なプログラムが登場しますが、そのような場合、関数を使わないと、自分が何を記述しているのかわからなくなってしまいます。`main()`関数にはおおまかな処理だけ記述し、詳細は関数の中に記述したほうがプログラムの流れがわかりやすくなります。

この章で関数とはどんなものなのかを理解し、これからの実践的なプログラムに備えましょう。

# 関数とは？

関数の概念と利用法を理解しましょう。

## 関数の概念

関数とは、プログラマが与えた値を指示どおりに処理し、結果を吐き出す箱のようなものです。関数を利用することを「関数を呼び出す」といいます。関数は何度でも呼び出すことができ、異なる値を与えることもできます。

## 引数と戻り値

関数に与える値のことを**引数**（ひきすう）**（パラメータ）**といい、結果の値のことを**戻り値（返り値）**といいます。関数は複数の引数を受け取れますが、戻り値は１つだけです。また、引数や戻り値のない関数もあります。

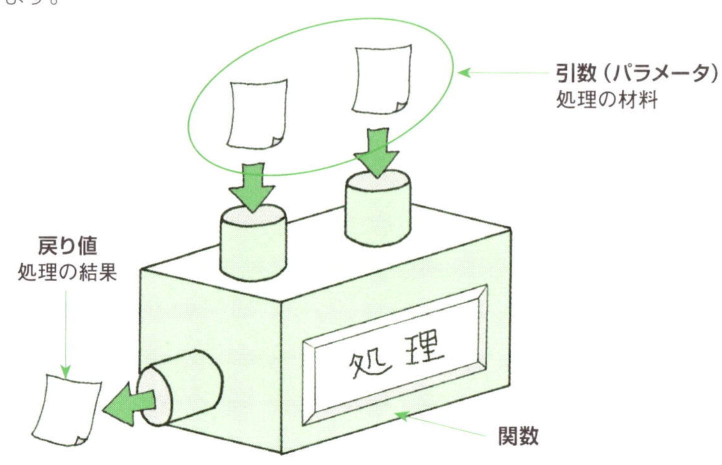

# 関数の利用

何度も繰り返す処理を関数にすると、プログラムが簡潔になり、わかりやすくなります。

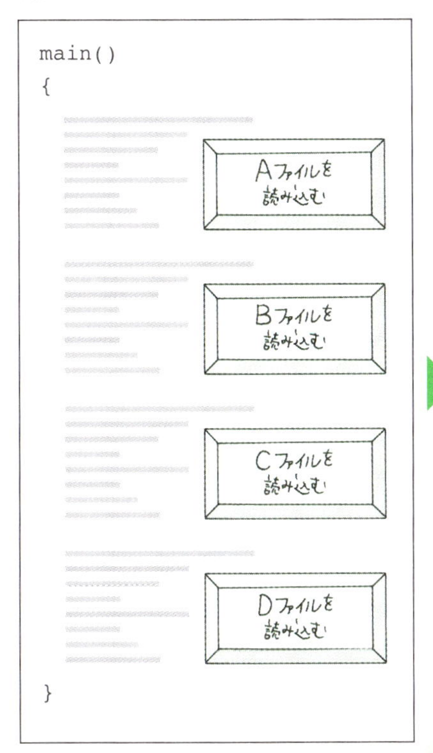


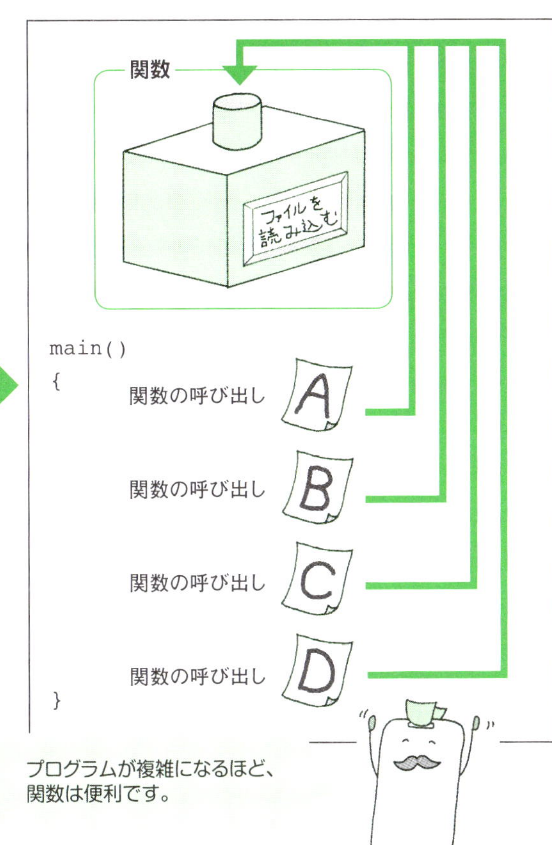


プログラムが複雑になるほど、
関数は便利です。

# 標準ライブラリ関数

`printf()` や `scanf()` のような、C 言語があらかじめ用意している関数のことを**標準ライブラリ関数**といいます。これらの関数は、呼び出すだけで利用できます。

**プログラマが書いたプログラム**

```
#include <stdio.h>
int main(int argc, char *argv[])
{
        ⋮
    printf("Hello¥n");
        ⋮
}
```

＋ **標準ライブラリ関数** → **実行ファイル**

# 関数の定義と利用

**関数を定義する方法と呼び出す方法を見ていきましょう。**

## 関数の定義

たとえば、次のような関数を考えてみましょう。

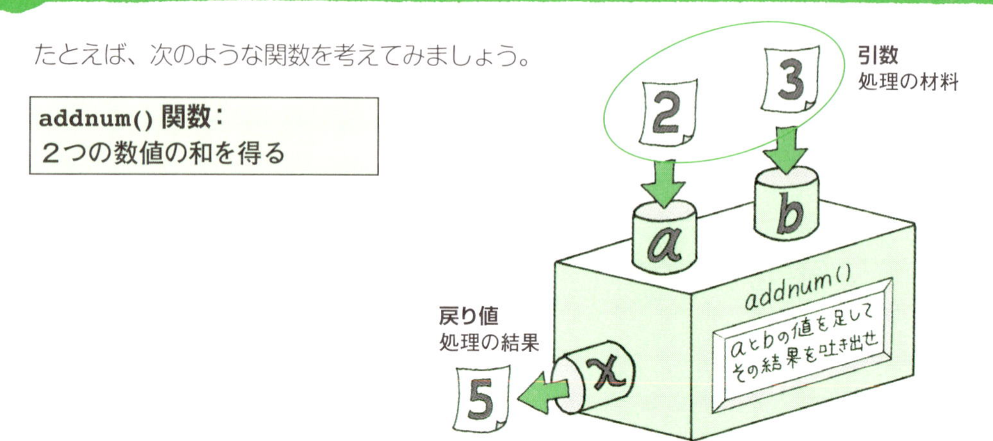


上記の関数をC言語で記述すると、次のようになります。このように、関数の機能を記述することを「関数を定義する」といいます。

引数は必要な数だけ「,」で区切って並べます。

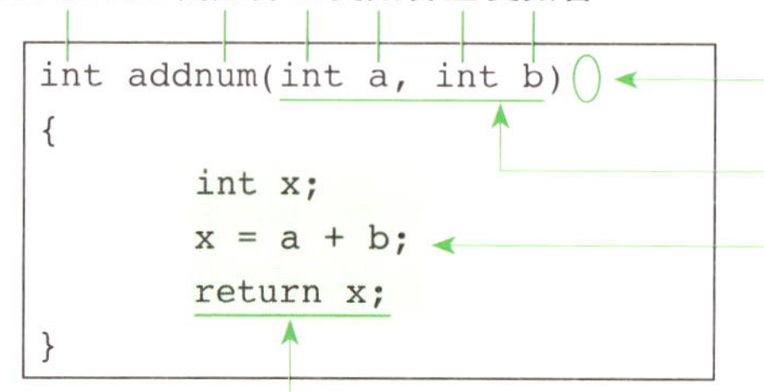


```
int addnum(int a, int b)
{
        int x;
        x = a + b;
        return x;
}
```

## プロトタイプ宣言

関数は関数の呼び出し（main() 関数）の前でも後ろでも定義できますが、後ろに定義する場合には main() 関数の前に、**プロトタイプ**という「関数のひな型」を宣言しておきます。

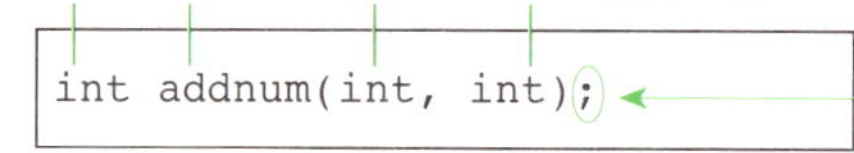


```
int addnum(int, int);
```

## 関数の呼び出し

関数の定義に対して、呼び出し部分の書き方は次のようになります。関数の戻り値の型に応じた変数を用意して、その中に結果を代入します。

関数の定義

```
int addnum(int a, int b)
{
      ⋮
}
```

aの値は2、bの値は3になります。

対応

関数の呼び出し

```
int n;
n = addnum(2, 3);
```

関数の戻り値をnに代入　関数名　引数

### »戻り値や引数を持たない関数

関数が値を返す必要がないときは、戻り値の型にvoidと指定します。

**dispnum()関数：引数を表示する**

```
void dispnum(int a)
{
    printf("引数の値は%d¥n", a);
    return;
}
```

戻り値を指定する必要はありません（この場合return文がなくても構いません）。

対応

```
dispnum(5);
```

また、引数がないときには、次のように関数を定義して、呼び出します。

**hello()関数：「Hello World」と表示する**

```
void hello(void)
{
    printf("Hello World¥n");
}
```

「void hello()」とも書きます。

```
hello();
```

# main( ) 関数

コマンドライン引数の使い方を中心に、main( ) 関数を理解しましょう。

## main( ) 関数の書式

main() 関数は、プログラムの開始地点（エントリポイント）となる特別な関数です。これまではmain() 関数を、引数と戻り値を指定する基本の書式で記述してきましたが、次のように引数や戻り値を省略して記述する場合もあります。

```
int main(int argc, char *argv[])
{
    return 0;
}
```

正常終了したときは 0 を返します。

引数と戻り値を指定（基本パターン）

```
main()
{

}
```

引数と戻り値を省略

```
void main()
{

}
```

引数を省略、戻り値は void

```
int main()
{
    return 0;
}
```

引数を省略、戻り値は int

## コマンドライン引数の取得

コマンドラインから引数をつけてプログラムを実行すると、main() 関数の引数に、プログラム自身のファイル名とコマンドライン引数の情報が入ります。

| 引数 | 格納する情報 |
|---|---|
| argc | 配列 argv[ ] の大きさ（＝コマンドライン引数の数＋１） |
| argv[0] | プログラムファイルのパスの文字列へのポインタ |
| argv[1] | １番目のコマンドライン引数の文字列へのポインタ |
| argv[2] | ２番目のコマンドライン引数の文字列へのポインタ |
| ⋮ | ⋮ |

argv[] はポインタ配列になっています。

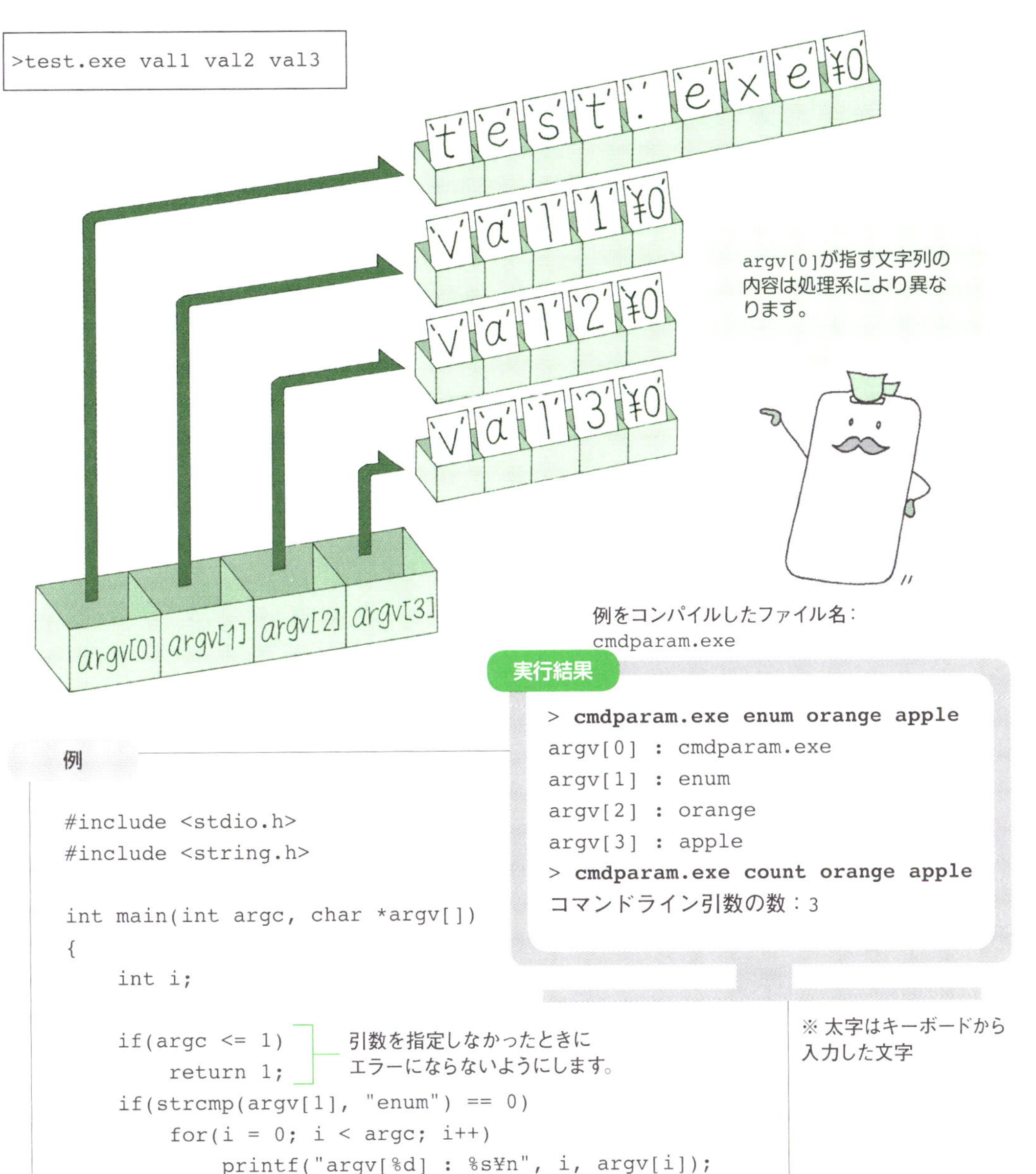


例

```
#include <stdio.h>
#include <string.h>

int main(int argc, char *argv[])
{
    int i;

    if(argc <= 1)
        return 1;
    if(strcmp(argv[1], "enum") == 0)
        for(i = 0; i < argc; i++)
            printf("argv[%d] : %s¥n", i, argv[i]);
    else if(strcmp(argv[1], "count") == 0)
        printf(" コマンドライン引数の数：%d¥n", argc-1);

    return 0;
}
```

引数を指定しなかったときに
エラーにならないようにします。

※ 太字はキーボードから
入力した文字

# 関数の特徴

関数で宣言した変数の有効範囲や、
引数の受け渡しについて見ていきましょう。

## ローカル変数とグローバル変数

関数の中で宣言した変数のことを**ローカル変数**といいます。ローカル変数を参照できる範囲は、変数を宣言した関数の内側に限られます。変数の有効範囲のことを、変数の**スコープ**といいます。

```
void func()
{
    int y;             変数 y のスコープ
     :
}
```

```
main()
{
    int x;             変数 x のスコープ
    x = 3;
    y = 5;
     :
}
```

✕ func() にある y を参照することはできません。

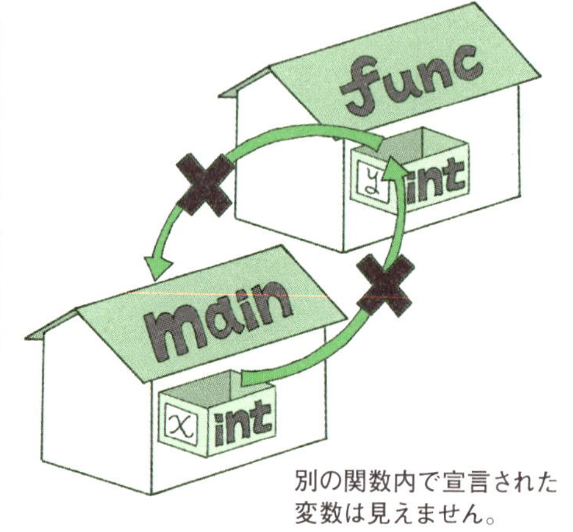


別の関数内で宣言された変数は見えません。

関数の外で宣言した変数のことを**グローバル変数**といいます。グローバル変数は、変数の宣言以降に定義したすべての関数から参照できます。

```
int z;                 変数 z のスコープ

void func(・・・)
{
    int y;             変数 y のスコープ
    z = 2;
     :
}
```

○ func() から参照できます。

```
main()
{
    int x;             変数 x のスコープ
    z = 1;
     :
}
```

○ main() から参照できます。

## 値渡しと参照渡し

関数の呼び出し側の引数のことを**実引数**、定義側の引数のことを**仮引数**といいます。実引数と仮引数の値の受け渡し方法には、**値渡し**と**参照渡し**の２種類があります。

**値渡し**　実引数の「値」を仮引数に渡す、標準的な方法です。

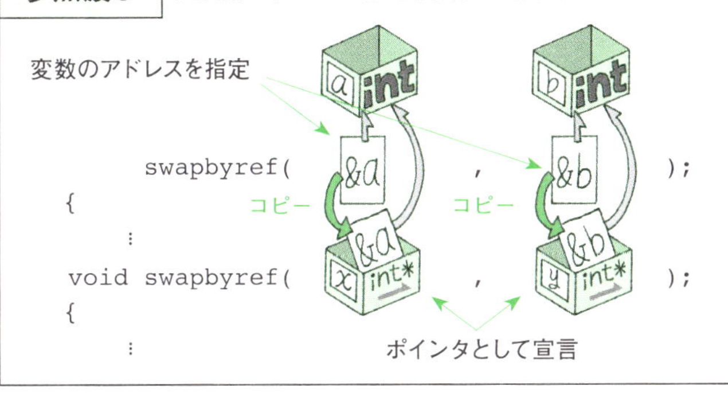


実引数と仮引数はまったく別の変数であると考えるため、関数の中で仮引数の値を変更しても、実引数の値には影響しません。

**参照渡し**　実引数の「アドレス」を仮引数に渡す方法です。

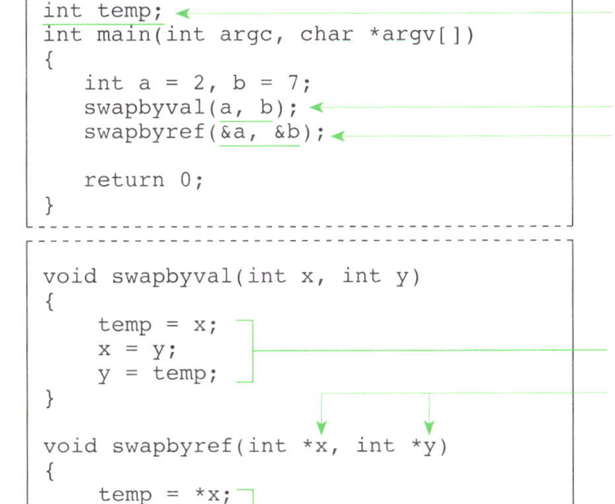


実引数も仮引数も同じアドレスの値を参照することになるので、関数の中から、呼び出し側の値を変更できます。

関数から複数の値や文字列を返すときに使います。

```
int temp;                                  ← グローバル変数
int main(int argc, char *argv[])
{
   int a = 2, b = 7;
   swapbyval(a, b);                        ← a の値は 2、b の値は 7 のままです。
   swapbyref(&a, &b);                      ← a の値は 7、b の値は 2 になります。

   return 0;
}
```

```
void swapbyval(int x, int y)
{
    temp = x;
    x = y;                                 ← x と y の値を入れ替える処理
    y = temp;
}
                                           ポインタとして宣言
void swapbyref(int *x, int *y)
{
    temp = *x;
    *x = *y;                               ← *x と *y の値を入れ替える処理
    *y = temp;
}
```

# 関数の活用

**実際に関数を作成してみましょう。**
**どんなところが便利かがわかるはずです。**

## 関数を使ったプログラム

第3章の「1から5までの和を求めるプログラム」を、関数を使って作成してみましょう。和を求める処理を関数にします。

```
#include <stdio.h>

int calc(int, int);

int main(int argc, char *argv[])
{
    int c;
    c = calc(1, 5);
    printf("%d¥n", c);
    return 0;
}

int calc(int a, int b)
{
    int i, n = 0;
    for(i = a; i <= b; i++)
        n += i;
    return n;
}
```

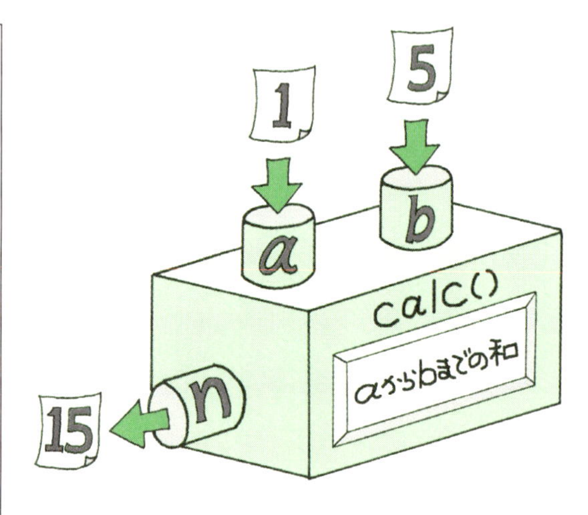


このように関数にしておくと、1から10までの和は、関数に渡す引数を変えるだけで求められます。

```
int main(int argc, char *argv[])
{
    int c;
    c = calc(1, 10);
    printf("%d¥n", c);
}
```

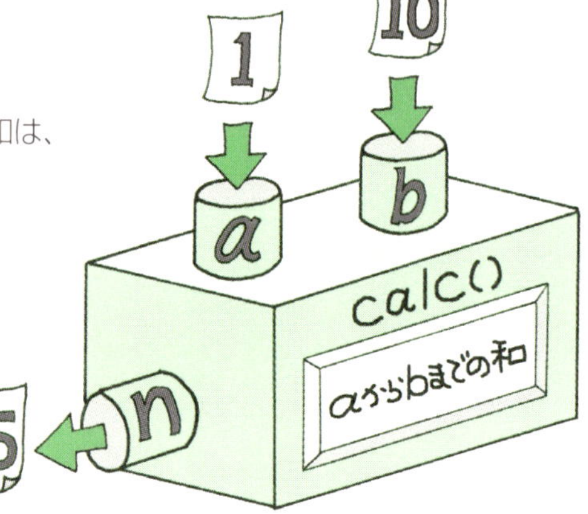

例

```c
#include <stdio.h>

void swap(int *, int *);
void sum(int, int);

int main(int argc, char *argv[])
{
    sum(1, 5);
    sum(10, 5);
    sum(1, 10);
    sum(2, 2);
    return 0;
}

void swap(int *a, int *b)
{
    int temp;
    temp = *a;
    *a = *b;
    *b = temp;
}

void sum(int min, int max)
{
    int i, n;

    if(min > max)
      swap(&min, &max);

    printf("%d", min);
    n = min;
    for(i = min+1; i <= max; i++) {
         printf("+%d", i);
         n += i;
    }
    printf("=%d¥n", n);
    printf("%d から %d までの和は %d¥n", min, max, n);
}
```

実行結果

```
1+2+3+4+5=15
1 から 5 までの和は 15
5+6+7+8+9+10=45
5 から 10 までの和は 45
1+2+3+4+5+6+7+8+9+10=55
1 から 10 までの和は 55
2=2
2 から 2 までの和は 2
```

# 再帰処理

**関数は、自分自身を呼び出すことができます。**
**そのしくみについて見ていきましょう。**

## 再帰呼び出し

関数が自分自身を呼び出すことを「再帰呼び出し」といいます。引数に渡した値の数だけ再帰呼び出しを行う関数は、次のようになります。

```
void func(int c)
{
    printf("Hello!¥n");
    c--;
    if(c > 0)
        func(c);
}
```

自分自身を呼び出します。（func(c);）

「**func(3);**」と呼び出すと…

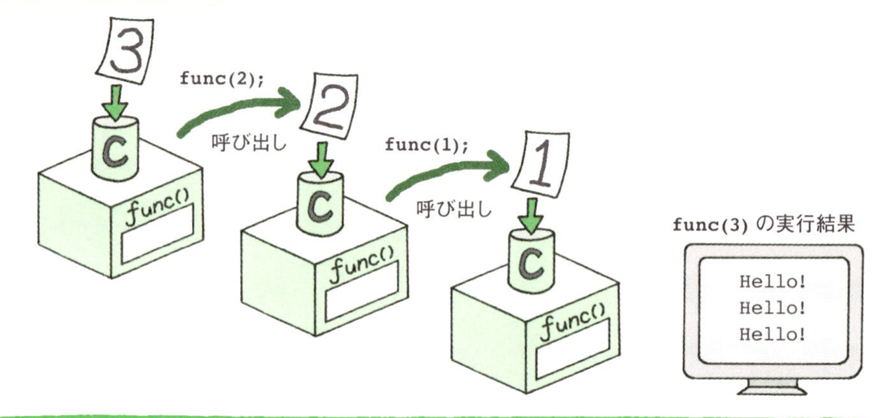

## 再帰呼び出しの終了

再帰呼び出しの関数は、条件を指定して呼び出さなくてはなりません。条件がなかったら、関数を呼び出す処理を延々と繰り返し、終了しないプログラムになってしまいます。

```
    if(c > 0)
        func(c);
```

この条件が成り立っている間、再帰呼び出しを繰り返します。（c > 0）

再帰呼び出しを無限に続けると、メモリ領域が足りなくなってエラーが発生してしまいます。再帰呼び出しのときは、必ず終了する条件を指定してください。

# 再帰処理のプログラム

再帰呼び出しの典型的な例として、整数 n の階乗（n!=n×(n-1)×…×2×1）を求める関数を紹介します。

例

```
#include<stdio.h>

int kaijo(int);

int main(int argc, char *argv[])
{
    printf("%d! = %d¥n", 5, kaijo(5));
    return 0;
}

int kaijo(int n)
{
    if(n == 0)
        return 1;
    else
        return (n * kaijo(n-1));
}
```

実行結果

```
5! = 120
```

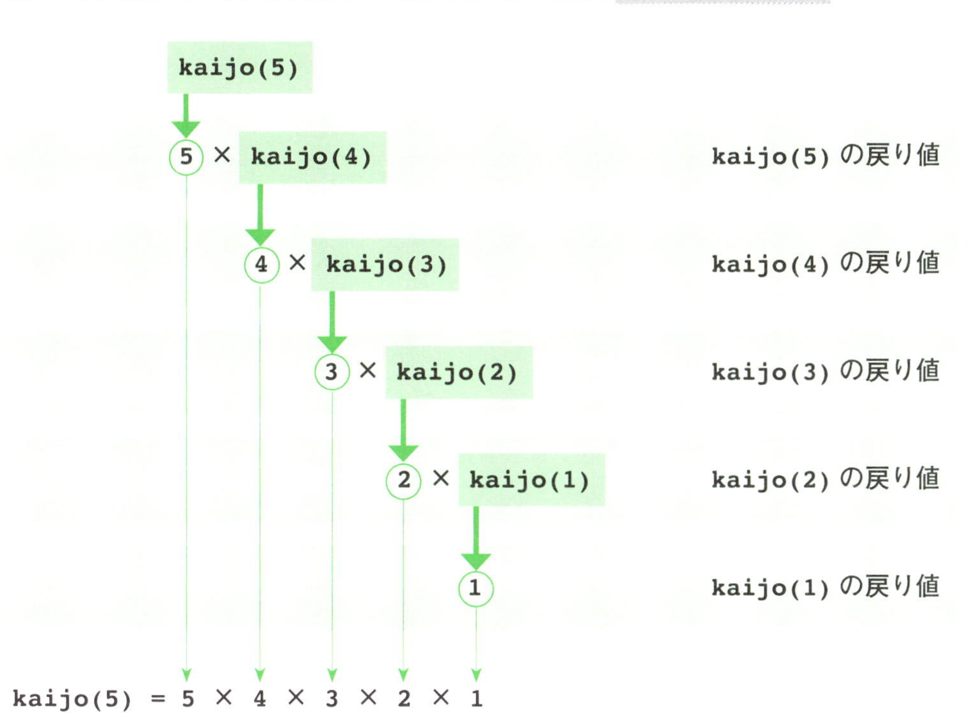

4
関数の利用

COLUMN

# ～関数のポインタ～

関数もメモリ上にあるので、アドレスを持っています。関数のアドレスを表すのは簡単で、「関数の名前＝関数のアドレス」になります。つまり、func()という関数があったら、funcがそのアドレスになります。

アドレスがあるのなら、これをポインタ変数に格納できます。たとえば、int型を戻り値とする自作の関数addfunc()のアドレスを関数のポインタ変数addに格納するには、次のようにします。

まず、ポインタ変数addを宣言します。この変数に代入できるのは、2つのint型の引数を持ち、int型の値を返す関数のアドレスです。

```
int (*add)(int, int);
```

ポインタ変数名

関数に対応した引数も同時に宣言します。

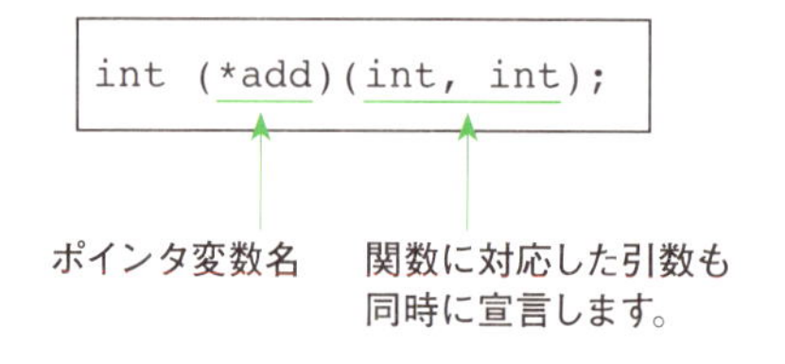

ただし、ポインタ変数名を（ ）で囲むのを忘れて次のように記述すると「int型のポインタを返すadd関数」という意味になり、ポインタ変数ではなく関数を宣言してしまうことになるので注意しましょう。

```
int *add(int, int);
```

宣言したポインタ変数に関数のアドレスを代入すると、addポインタでaddfunc()関数を呼び出せます。

```
add = addfunc;

n = (*add)(1, 2);
```

ポインタ変数addにaddfunc()関数のアドレスaddfuncを代入します。

addfunc()関数を呼び出します。ポインタ変数名を囲む（ ）と引数も忘れずに記述します。

もちろん、このポインタ変数を関数の引数として使うことも可能です。実際に、第8章のコラムで紹介するqsort()関数とbsearch()関数を使うには、引数として関数のアドレスが必要になります。

また、ポインタ配列を作り、複数の関数のアドレスをその中に入れておくこともできます。switch文などで、変数の値によって呼び出す関数を変える場合には、すっきりと記述できて便利です。

# 5

# 問題への取り組み方

## カレンダーを作る

この章では、カレンダーを表示するプログラムを作ります。今までよりも少し大きめのプログラムになりますが、順を追って説明していくので安心してください。

作成するプログラムは、まず、年（西暦）と月の値をキーボードから入力させます。そして、その月の日曜始まりのカレンダーを表示します。カレンダーを表示するには、月始めの曜日やうるう年かどうかの情報が必要です。これらの情報をどうやって求め、どう組み合わせてカレンダーを作るのかを紹介していきます。

## プログラミングの流れ

この章では、章をまるごと使って、プログラミングの手順を具体的に解説します。

第一段階として、どんなプログラムなのかをイメージし、そのイメージを実現するには何が必要かを確認してからプログラムを記述していきます。記述したあとは、プログラムを実行して、動作チェックやデバッグ（動作ミスの修正）を行います。覚えておいてほしいのは、最初から完璧なプログラムを作れる人はいないということです。もし、プログラムが思ったように動かなくても、ゆっくりでよいので、あきらめずに、どこが原因かを突き止めてほしいと思います。また、それが終わったら、もっと効率的に書けるところはないか、プログラムの見直しを行うとよいでしょう。自分が納得するものができるまでがプログラミング作業です。がんばりましょう。

# 問題を整理する

まず、プログラムを作るには何が必要なのか整理しましょう。

## カレンダーを表示する

次のようなプログラムを作ります。

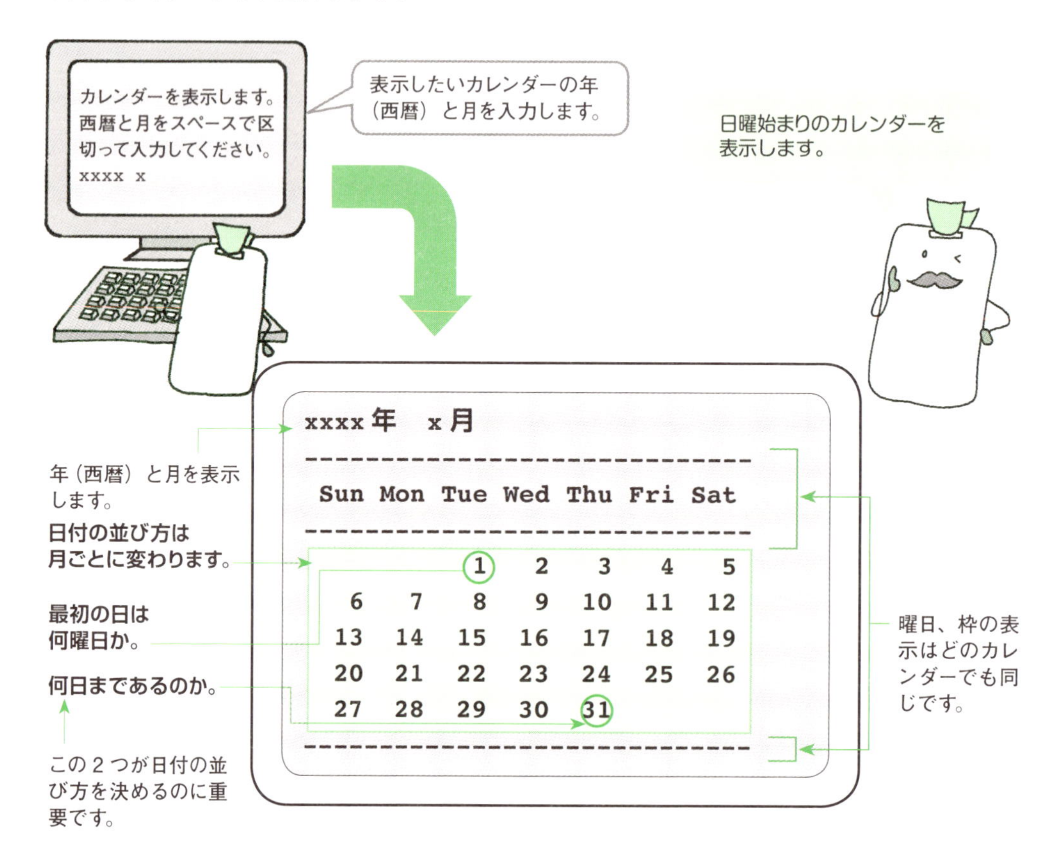


このプログラムの入力と出力を整理すると、下のようになります。

## カレンダーを作る

カレンダーを作るのに必要な情報を整理しましょう。

### »その月は何日あるか

表示したいカレンダーが何日まであるかを判断する必要があります。

|  |  |
| --- | --- |
| 1、3、5、7、8、10、12月 | 31日 |
| 4、6、9、11月 | 30日 |
| 2月 | 28日 |
| 2月（うるう年） | 29日 |

**うるう年の条件**

- 西暦が 4 で割り切れる
- ただし、西暦が 100 で割り切れる年は除く
- ただし、西暦が 400 で割り切れる年は含める

西暦 y 年とし、この条件をC言語で表すと次のようになります。

```
(y % 4 == 0 && y % 100 != 0 || y % 400 == 0)
```

これを元にプログラムを作れば、次のような横 1 行のカレンダーを表示できます。

1 2 3 4 5 6 7 8 9 10 11 12 13 14 15 16 17・・・

### »曜日に振り分ける

1 行カレンダーを土曜日で改行していけば、曜日が揃ったカレンダーが作れます。たとえば、火曜始まりの月なら、次のようになります。

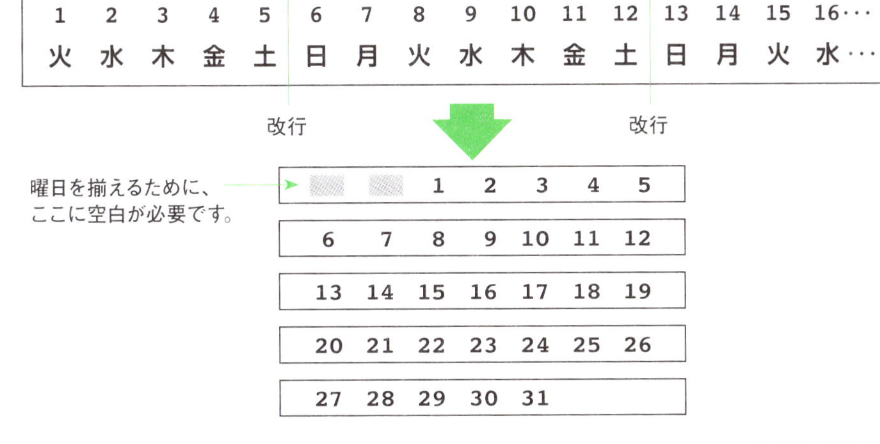


空白がいくついるかを決めるには、最初の日の曜日を求めます。次の公式を使うと、年月日から曜日が求められます。w は 0 ～ 6 の曜日番号で表されます（0 ～ 6 ＝日曜～土曜）。

**<西暦 y 年 m 月 d 日の場合>**

```
w = ( y + y/4 - y/100 + y/400 + (13 * m + 8)/5 + d ) % 7
```

※1 月と 2 月は、前年の 13 月、14 月として計算します。

# プログラムの設計

どうすればほしい結果が得られるか考えてみましょう。

## main() 関数の設計

機能ごとに関数を作れば、main() 関数内がすっきりしてプログラムの流れがわかりやすくなります。year と month はキーボードから読み込んだ西暦と月を格納する変数です。

○

```
int main(int argc, char *argv[])
{
 int year, month;
 ①入力データを読み込む関数
 ②月の日数を決定する関数
 ③最初の日の曜日を決定する関数
 ④カレンダーを表示する関数
}
```

×

```
int main(int argc, char *argv[])
{
    int year, month;

     ⋮
    printf(" カレンダーを表示。¥n");
     ⋮
    scanf("%d  %d", py, pm):
     ⋮
}
```

左に比べて右はごちゃごちゃしています。

## 関数の設計

### ①入力データを読み込む関数

キーボードからの入力を読み込み、main() 関数のローカル変数 year に西暦を、month に月を格納します。

2つの値を取り出すためにポインタを使います。

| | |
|---|---|
| 関数名 | getYearMonth |
| 目的 | 入力された西暦と月のデータを得る |
| 引数 | int *py: year へのポインタ<br>int *pm: month へのポインタ |
| 戻り値 | void( なし ) |

### ②月の日数を決定する関数

月の日数を main() 関数のローカル変数 days に返します。

| | |
|---|---|
| 関数名 | getMonthDays |
| 目的 | 指定した月の日数を求める |
| 引数 | int y: 西暦<br>int m: 月 |
| 戻り値 | int : 月の日数 |

### ③最初の日の曜日を決定する関数

指定した年月日の曜日を求める関数です。西暦を year、月を month、日を 1 としてこの関数を呼び出し、最初の日の曜日番号を求めます。そしてそれを main() 関数のローカル変数 youbi に返します。

| | |
|---|---|
| 関数名 | getWeekday |
| 目的 | 最初の日の曜日を求める |
| 引数 | int y: 西暦<br>int m: 月<br>int d: 日 |
| 戻り値 | int　: 曜日番号 |

より応用がきくように、
日も引数にしておきます。

### ④カレンダーを表示する関数

月の日数 days と最初の日の曜日番号 youbi を使い、カレンダーを表示します。

| | |
|---|---|
| 関数名 | printCalendar |
| 目的 | カレンダーを表示する |
| 引数 | int y : 西暦<br>int m : 月<br>int dm: 月の日数<br>int dw: 最初の日の曜日 |
| 戻り値 | void( なし ) |

main() 関数は次のように記述できます。

```
#include <stdio.h>

int main(int argc, char *argv[])
{
   int year;  /* 西暦 */
   int month; /* 月 */
   int days;  /* 月の日数 */
   int youbi; /* 最初の日の曜日番号 */

   getYearMonth(&year, &month);
   days = getMonthDays(year, month);
   youbi = getWeekday(year, month, 1);
   printCalendar(year, month, days, youbi);

   return 0;
}
```

# プログラムの記述（1）

**実際に関数を作っていきましょう。**

## getYearMonth() 関数 ： 入力データの読み込み

scanf() 関数を使ってキーボード入力されたデータを読み込みます。１度に２つ以上の値を関数から返したいとき、C言語ではポインタを使って参照渡しをします。

```
void getYearMonth(int *py, int *pm)
{
    printf(" カレンダーを表示します。¥n");
    printf(" 西暦と月をスペースで区切って入力してください。¥n");
    scanf("%d  %d", py, pm);
    return;
}
```

ポインタなので、& はいりません。（py, pm）

## getMonthDays() 関数 ： 月の日数を求める

月ごとに日数が違うので、month の値ごとに switch 文を使って場合分けします。

```
int getMonthDays(int y, int m)
{
    int dm;   ← 日数を格納するローカル変数 dm を宣言します。

    switch(m){
        case 1: case 3: case 5: case 7: case 8: case 10: case 12:
            dm = 31;   ← 1、3、5、7、8、10、12 月のときに月の日数を 31 日にします。
            break;
        case 4: case 6: case 9: case 11:
            dm = 30;   ← 4、6、9、11 月のときに月の日数を 30 日にします。
            break;
        case 2:
            if(y % 4 == 0 && y % 100 != 0 || y % 400 == 0)
              dm = 29;
            else
              dm = 28;   ← うるう年の 2 月は 29 日、それ以外の 2 月は 28 日にします。
            break;
        default:
            dm = 0;   ← 1 ～ 12 以外の値のときは 0 日に設定します。
    }
    return dm;
}
```

main()のローカル変数daysにdmの値が返されます。

無効な値が渡されたときの対応策です。

## getWeekday() 関数 ： 最初の日の曜日を求める

日付から曜日を求める公式を使います。

```
int getWeekday(int y, int m, int d)
{
        int w;

        if(m == 1 || m == 2){
          y--;
          m += 12;
        }
        w = (y + y/4 - y/100 + y/400 + (13*m + 8)/5 + d) % 7;

        return w;
}
```

- `int w;` ← 曜日番号を格納するローカル変数 w を宣言します。
- `if(m == 1 || m == 2){ … }` ← 1 月か 2 月のときは、月 (m) に 12 を足して、西暦 (y) から 1 引きます。
- `return w;` ← main() に返します。

## 関数の位置

main() 関数のあとに関数を記述する場合は、プロトタイプ宣言をする必要があります。

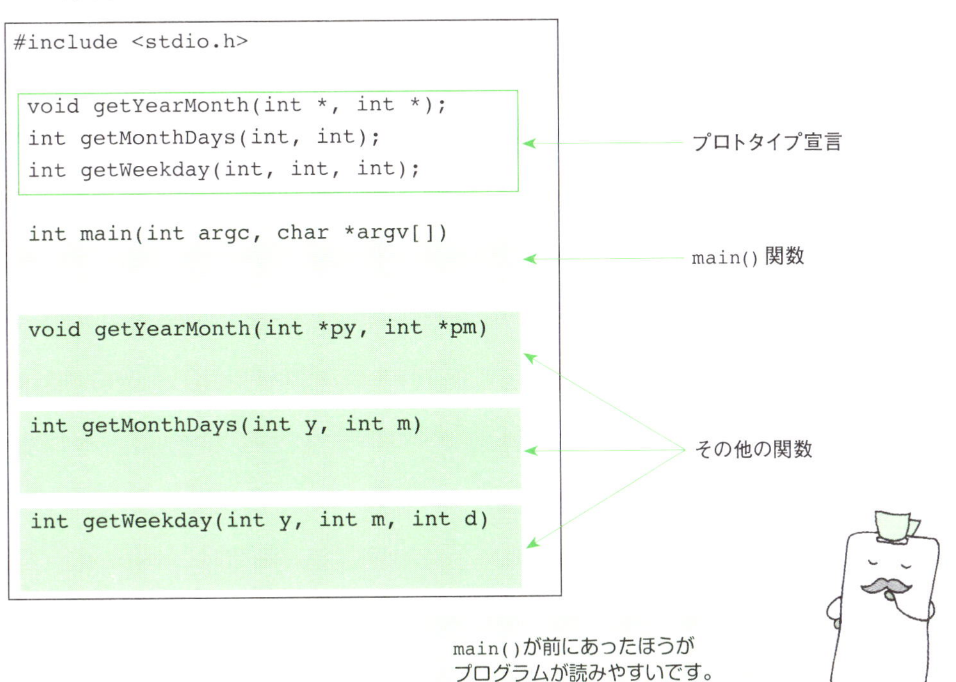

```
#include <stdio.h>

void getYearMonth(int *, int *);
int getMonthDays(int, int);
int getWeekday(int, int, int);

int main(int argc, char *argv[])


void getYearMonth(int *py, int *pm)

int getMonthDays(int y, int m)

int getWeekday(int y, int m, int d)
```

1 C言語の基礎
2 基本的な制御
3 制御の活用
4 関数の利用
5 問題への取り組み方

6 実践的プログラミング

7 高度なアルゴリズム

8 ソートとサーチ
9 付録

# プログラムの記述(2)

カレンダーをきれいに表示するプログラムを考えましょう。

## printCalendar() 関数

カレンダーを出力します。ここでは、日付の並び方のように月ごとに変わる部分を見ていきましょう。日付の幅は、すべて4文字ぶんに統一して、見た目を揃えます。

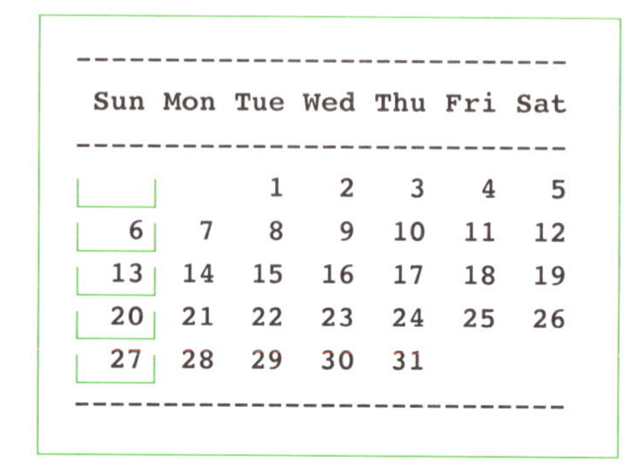

まず、最初の日までの空白を表示します。dw は最初の日の曜日番号です。

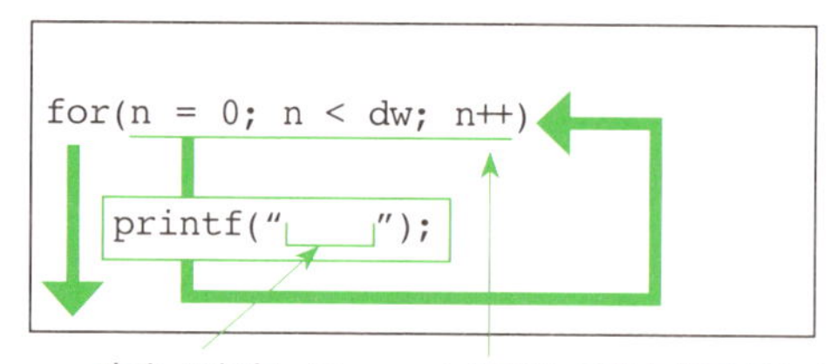


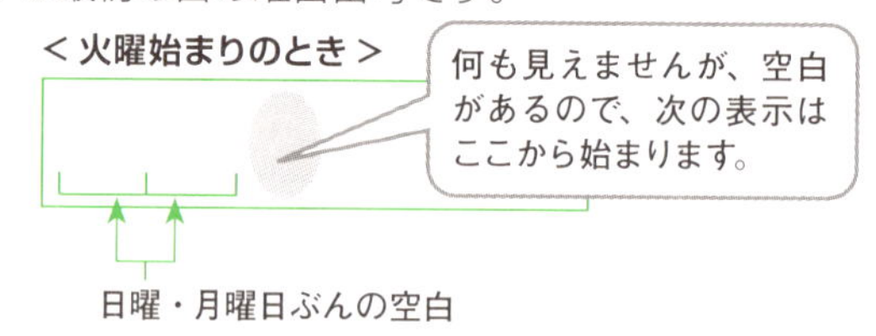


次に、日付を表示していきます。dm は指定された月の日数です。

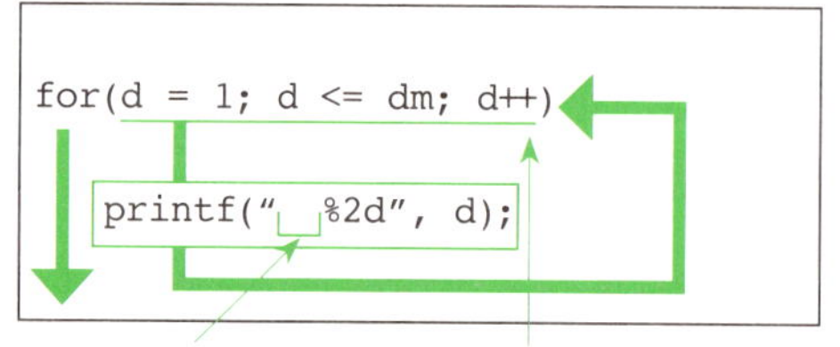


この1行カレンダーを土曜日で改行したいので、日付が土曜日かどうかを判定する方法を考えます。日付に 0 ～ 6 の曜日番号を正しく割り振ることができればよさそうです。

日付と曜日番号を、上のように対応させるには、カレンダーの第一週の日曜日を０として１ずつ増えていく変数 m を作ります。

土曜日で改行　土曜日で改行

| | | | | | | | | | | | | | | | |
|---|---|---|---|---|---|---|---|---|---|---|---|---|---|---|---|
| 日付 (d): | | | 1 | 2 | 3 | 4 | 5 | 6 | 7 | 8 | 9 | 10 | 11 | 12 | 13 … |
| 変数 m: | 0 | 1 | 2 | 3 | 4 | 5 | 6 | 7 | 8 | 9 | 10 | 11 | 12 | 13 | 14 … |
| 曜日番号 (m%7): | 0 | 1 | 2 | 3 | 4 | 5 | 6 | 0 | 1 | 2 | 3 | 4 | 5 | 6 | 0 … |
| | 日 | 月 | 火 | 水 | 木 | 金 | 土 | 日 | 月 | 火 | 水 | 木 | 金 | 土 | 日 |

変数mが6以上にならないようにm%7とします。

改行

| 曜日番号 (0~6): | 0 | 1 | 2 | 3 | 4 | 5 | 6 |
|---|---|---|---|---|---|---|---|
| | 日 | 月 | 火 | 水 | 木 | 金 | 土 |
| 日付 (d): | | | 1 | 2 | 3 | 4 | 5¥n |
| | 6 | 7 | 8 | 9 | 10 | 11 | 12¥n |
| | 13 | 14 | 15 | 16 | 17 | 18 | 19¥n |
| | 20 | 21 | 22 | 23 | 24 | 25 | 26¥n |
| | 27 | 28 | 29 | 30 | 31¥n | | |

if 文を使って、曜日番号が 6 になったときに改行します。

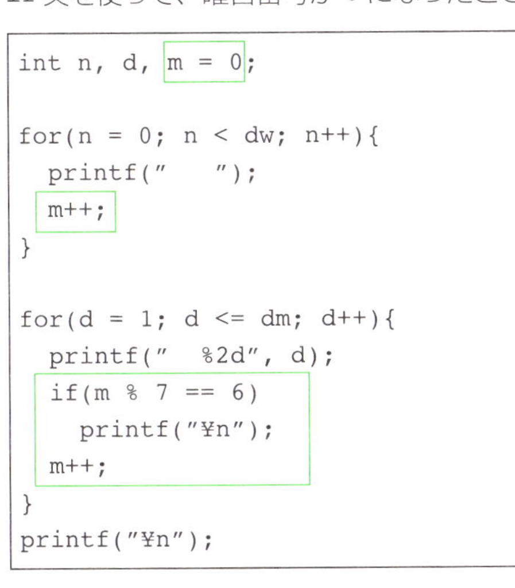

```
int n, d, m = 0;

for(n = 0; n < dw; n++){
  printf("    ");
  m++;
}

for(d = 1; d <= dm; d++){
  printf("  %2d", d);
  if(m % 7 == 6)
    printf("¥n");
  m++;
}
printf("¥n");
```

| | | | | | | |
|---|---|---|---|---|---|---|
| | | 1 | 2 | 3 | 4 | 5 |
| 6 | 7 | 8 | 9 | 10 | 11 | 12 |
| 13 | 14 | 15 | 16 | 17 | 18 | 19 |
| 20 | 21 | 22 | 23 | 24 | 25 | 26 |
| 27 | 28 | 29 | 30 | 31 | | |

# プログラムを整理する

**よりよいプログラムを作るために、プログラムを整理しましょう。**

## よりよいプログラムを目指す

よりよいプログラムにするために、次の点に気をつけてプログラムを見直してみましょう。

- **流れがわかりやすいか**
- **無駄がないか**
- **他のプログラムへの応用がきくか**

### » printCalendar() 関数を整理する

数の変化やプログラムの流れをよく見て、できるだけ簡潔にまとめます。
2019年1月(火曜始まりの月)のカレンダーの日付表示を例にして変数の変化を見てみると、mの代わりにnがそのまま使えるのがわかります。

```
m = 0;
for(n = 0; n < dw; n++){
  printf("    ");
  m++;
}
for(d = 1; d <= dm; d++){
  printf("  %2d", d);
  if(m % 7 == 6)
    printf("¥n");
  m++;
}
```

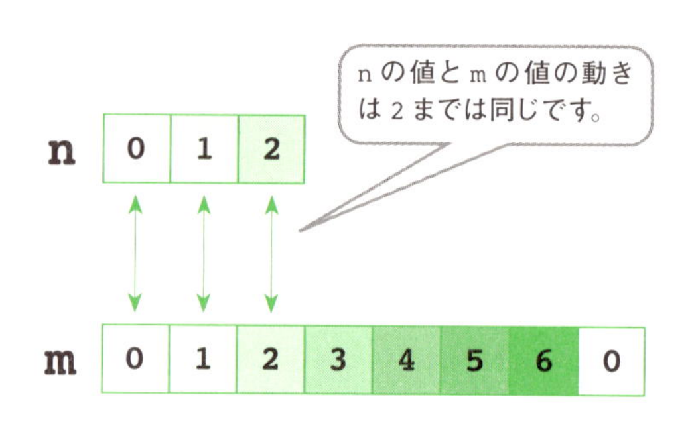


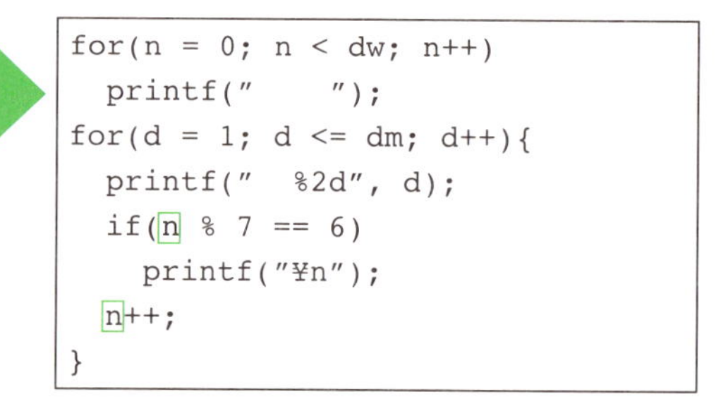

```
for(n = 0; n < dw; n++)
  printf("    ");
for(d = 1; d <= dm; d++){
  printf("  %2d", d);
  if(n % 7 == 6)
    printf("¥n");
  n++;
}
```

変数がnひとつになってすっきりしました。

### » printCalendar() 関数の機能を見直す

よく見ると、y と m は1行目を表示するためだけのものです。冒頭の年月表示の部分は main() 関数に記述してしまいましょう。

```
printCalendar(int y, int m, int dm, int dw)
{
  printf("西暦%d年 %d月", y, m);
      ⋮
}
```

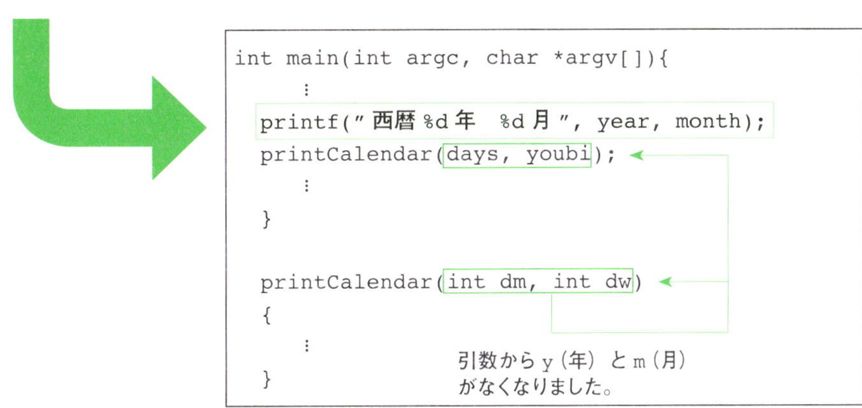

```
int main(int argc, char *argv[]){
      ⋮
  printf("西暦%d年 %d月", year, month);
  printCalendar(days, youbi);
      ⋮
}

printCalendar(int dm, int dw)
{
      ⋮
}
```



### » printCalendar() 関数の表示のずれの原因を見つける

これまでのプログラムを実行すると、土曜終わりの月では、次のように最後の行が空いてしまいます。原因はどこにあるのでしょうか。

<2018年3月のカレンダー>

```
----------------------------
 Sun Mon Tue Wed Thu Fri Sat
----------------------------
                   1   2   3
   4   5   6   7   8   9  10
  11  12  13  14  15  16  17
  18  19  20  21  22  23  24
  25  26  27  28  29  30  31

----------------------------
```

土曜日の改行

枠の表示の改行

```
void printCalendar(int dm, int dw)
{
  int n, d;

  for(n = 0; n < dw; n++)
    printf("    ");
  for(d = 1; d <= dm; d++)
  {
    printf("  %2d", d);
    if(n % 7 == 6)
      printf("¥n");
    n++;
  }
  printf("¥n----------------------------¥n");
  return;
}
```

2回改行されてしまうのが原因です。

修正結果は
完成プログラムを
ご覧ください。

# テストとデバッグ

試しにプログラムを実行して、間違いを見つけたら修正しましょう。

## プログラムテスト

コンパイルしたプログラムを実行してみましょう。いろいろなカレンダーを出力して、プログラムがきちんと動作しているか確認します。

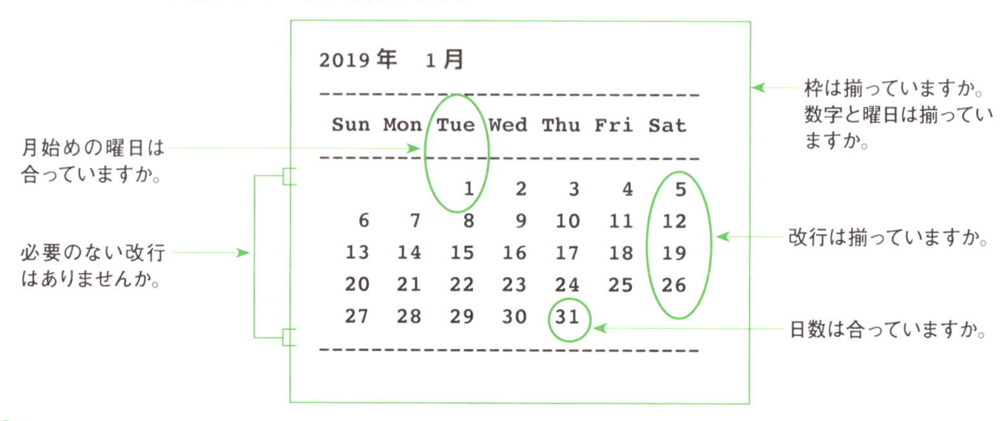


## 動作がおかしいときの対処

プログラムの間違いをバグといいます。バグを見つけるためには、プログラムをじっくり読み返すのが一番です。それでも見つからないときは、機能や関数ごとに実行してみてバグのありかを絞り込んでいきましょう。

```
  ⋮
int main(int argc, char *argv[])
{
  int year = 2019;
  int month = 1;
  int days = 31;
  int youbi = 2;

  days = getMonthDays(&year, &month);
  printf("days = %d", days);
  return 0;
}
```

他の関数を使えないため、前もって値を格納しておきます。

関数の結果を表示させて、きちんと動作しているか確認します。

機能ごとに関数になっていれば、確認が簡単です。

プログラムを読み返してもバグのありかがわからないときは、次のように関数の中にも printf() を入れて、途中経過を表示させてみましょう。

```
int getMonthDays(int y, int m)
{
  int dm;

  switch(m){
  case 1: case 3: case 5: case 7:
  case 8: case 10: case 12:
    dm = 31;
    printf("%d 月は %d 日あります。¥n", m, dm);
    break;
  case 4: case 6: case 9: case 11:
    dm = 30;
    printf("%d 月は %d 日あります。¥n", m, dm);
    break;
  case 2:
    if(y % 4 == 0 && y % 100 != 0 || y % 400 == 0){
      dm = 29;
      printf(" うるう年 %d 月は %d 日あります。¥n", m, dm);
    }
    else{
      dm = 28;
      printf("%d 月は %d 日あります。¥n", m, dm);
    }
    break;
  default:
    dm = 0;
  }
  printf("%d¥n",dm);      ← 判断結果が最後まで
  return dm;                 変わらなかったことを確認
}
```

# 完成プログラム

## ●完成プログラムの例

ソースコード

```
#include <stdio.h>

void getYearMonth(int *, int *);
int  getMonthDays(int, int);
int  getWeekday(int, int, int);
void printCalendar(int, int);
```

プロトタイプ宣言

```
int main(int argc, char *argv[])
{
  int year, month, days, youbi;

  getYearMonth(&year, &month);                 /* 西暦と月の取得 */
  days =  getMonthDays(year, month);           /* 月の日数を求める */
  youbi = getWeekday(year, month, 1);          /* 最初の日の曜日を求める */
  printf("西暦%d年  %d月¥n", year, month); /* カレンダーの年月表示 */
  printCalendar(days, youbi);                  /* カレンダーを出力 */
  return 0;
}

void getYearMonth(int *py, int *pm)
{
  printf("カレンダーを表示します。¥n");
  printf("西暦と月を2019 1のようにスペースで区切って入力してください。¥n");
  while(1){
    scanf("%d  %d", py, pm);
    if(*pm >= 1 && *pm <= 12 )
      break;
    printf("入力が間違っています。入力しなおしてください。¥n");
  }
  return;
}
```

入力間違いのときにやり直しできるようにしました。

```
int getMonthDays(int y, int m)
{
  int dm;

  switch(m){
  case 1: case 3: case 5: case 7: case 8: case 10: case 12:
    dm = 31;
    break;
  case 4: case 6: case 9: case 11:
    dm = 30;
    break;
```

```
  case 2:
    if(y % 4 == 0 && y % 100 != 0 || y % 400 == 0)
      dm = 29;
    else
      dm = 28;
    break;
  default:
    dm = 0;
  }
  return dm;
}

int getWeekday(int y, int m, int d)
{
  int w;

  if(m == 1 || m == 2){
    y--;
    m += 12;
  }
  w = (y + y/4 - y/100 + y/400 + (13*m + 8)/5 + d)% 7;
  return w;
}

void printCalendar(int dm, int dw)
{
  int n, d;

  printf("----------------------------¥n");
  printf(" Sun Mon Tue Wed Thu Fri Sat¥n");
  printf("----------------------------¥n");

  for(n = 0; n < dw; n++)
    printf("    ");
  for(d = 1; d <= dm; d++){
    printf("  %2d", d);
    if(n % 7 == 6 && d != dm)
      printf("¥n");
    n++;
  }
  printf("¥n----------------------------¥n");
  return;
}
```

曜日と上の枠の表示

土曜日でも月の最終日だと改行しないようにします。

下の枠の表示

プログラム作りの参考にしてください。

COLUMN

## ～ボトムアップ的・トップダウン的な考え方～

突然ですが、あなたは人の顔の絵を描くとき、どこから描き始めますか。輪郭からでしょうか。それとも目や鼻からでしょうか。輪郭から描く場合は顔全体を認識し、細部を描きこんでいくことになります。目や鼻から描く場合は、顔の部品を組み合わせていくことで、全体を作り上げていきます。このような考え方はプログラムにもあてはめることができます。

全体をおおまかにいくつかの部品に分けて、それぞれの機能を定め、さらにそれを細分化するというようにしてプログラムのイメージを具体化していくのを「トップダウン的な考え方」といいます。第５章のプログラムなどはその典型的な例といえるでしょう。分け方は機能、実行順、再利用性などを考慮して決めます。やりたいことがはっきりしているけれど、どのようにすればよいのかわからないときや、ある程度プログラムの規模が大きくて何人かで手分けして作業するときに有効な方法です。落ち着いて仕様を分析し、問題を整理していけば、知らないうちに問題が明確になって、完成に近づけるはずです。

逆に、個々の機能を先に作り上げてから、まわりを固めて完成にもっていくのを「ボトムアップ的な考え方」といいます。悪くいえば行きあたりばったりで、うまくいかない場合も多いですが、技術的に不安があるときや、研究の色が濃い試作的なプログラムを作るときは有効な手段といえます。基本的にはトップダウン的に進め、技術的に不安がある箇所のみ、ボトムアップ的に進めることもよくあります。

自分が作るプログラムはどちらのタイプにすればよいかを見極め、アプローチの方法を決めるところからプログラミングは始まるのです。

# 6

# 実践的プログラミング

##  一通の依頼書

ある日、一通の手紙があなた宛てに届きました。同封した仕様書のとおりに**ラインエディタ**を作ってくれという依頼でした。

その依頼書を読んで、あなたは思いました。

「ラインエディタって何だろう」

調べてみると、ラインエディタとは、テキストファイルを１行ずつ編集する機能を持ったプログラムのことだとわかりました。

「そんなプログラムが作れるのかな。いまいちイメージがわかないなあ」

あなたは、ラインエディタがどんなものなのか、仕様書をよく読んで、じっくり考えてみることにしました。

## 実践的なプログラミング

いよいよ本格的なプログラミングです。この章では、ラインエディタを作りながら、比較的大きめのプログラムを作るときのポイントを説明していきます。気になる仕様書は、P. 100 にあります。

ある程度大きなプログラムになると、実際に記述を始めるまでの設計の工程が重要になってきます。具体的にプログラムの完成像をイメージし、どのような枠組みにすればよいかを考えてみましょう。設計がよくできていると、短時間でスマートなプログラムを作れます。逆によくないと、あとで全体的にやり直す羽目になったり、バグが混入しやすくなったりして、作業時間が延びてしまいます。

また、実際の開発作業では、プログラムのチェックはとても重要です。特にプログラムの規模が大きくなればそれだけバグの数も増えます。「だいたい動くから大丈夫だろう」という甘い考えは捨てて、完璧なものに仕上げてください。

完成したプログラムは章末に掲載しています。途中の項目で紹介できなかった関数や、実際に利用する際に不可欠なエラー処理も追加してありますので、参考にしてください。

# 仕様を分析する

**いよいよ製作開始です。**
**まずはラインエディタの機能を整理しましょう。**

## ラインエディタの仕様

ラインエディタの仕様は次のようになります。

＜プログラム名＞ **lineedit**

① プログラムが起動する
② "**command:**" と表示して命令（コマンド）入力を待つ
③ 命令を入力させる
④ 入力された命令を実行する
⑤ ②に戻る

命令（コマンド）一覧

| 命令名 | 機能と動作 | |
|---|---|---|
| **fopen** | 機能 | ファイルの内容を読み込み、メモリに格納する |
| | 動作 | 編集したいファイルの名前を入力させ、その内容を読み込み、メモリに格納する |
| **fclose** | 機能 | メモリの内容を消去する |
| | 動作 | メモリの内容を保存するかを入力させる。'**y**' ならメモリの内容を保存してから、メモリの内容を消去する。'**n**' なら保存せずに消去する |
| **fsave** | 機能 | メモリの内容を指定されたファイルに保存する |
| | 動作 | ファイル名を入力させ、その名前のファイルにメモリの内容を書き出す |
| **list** | 機能 | すべての行を表示する |
| | 動作 | 行の一番左に行番号をつけて、メモリの内容を 1 行ずつ表示する |
| **gotoln** | 機能 | 指定行を表示する |
| | 動作 | 行番号を入力させ、その行の文字列を表示する |
| **inss** | 機能 | 指定位置に文字列を挿入する |
| | 動作 | 挿入位置の行番号と桁番号、挿入文字列を入力させ、メモリのその位置に文字列を挿入し、結果を表示する |
| **dels** | 機能 | 指定位置から指定文字数ぶんを削除する |
| | 動作 | 削除を始める先頭の行番号と桁番号を入力させ、メモリのその位置から指定文字数ぶんの文字列を削除し、結果を表示する |

注）行番号：縦方向の位置を表す（最上行の番号は 0）
　　桁番号：横方向の位置を表す（左端文字の番号は 0）

なんだか大変そうです。

## 完成イメージを想像する

左ページの仕様から、どんなものを作ればよいのか具体的に考えてみましょう。

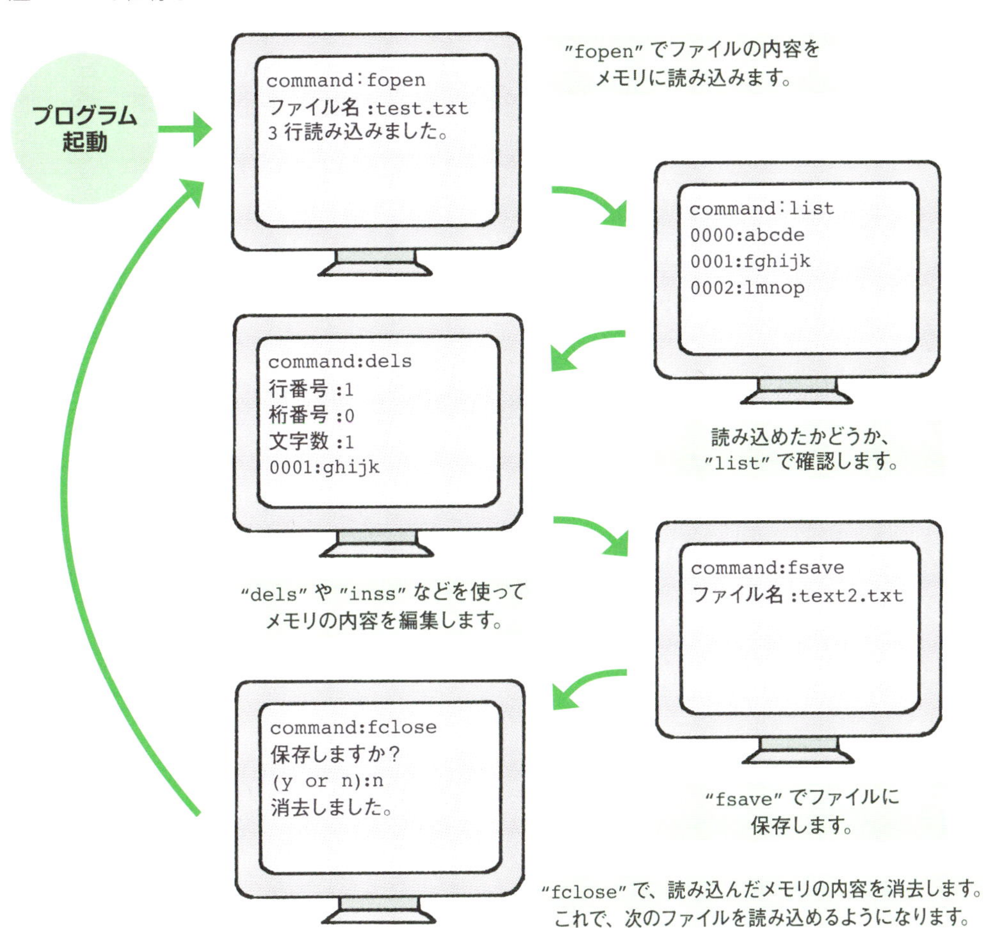


入出力をまとめると次のようになります。

# データ形式を決める(1)

**プログラム内では、ファイルのデータをどう扱えばいいのでしょうか。**

## ファイルデータの格納の仕方

このプログラムでは、fopen 命令を実行すると、ファイルデータを一度すべてバッファ（メモリ上のまとまった領域）に格納することにします。そして、inss や dels といった命令で、そのバッファの内容を編集します。

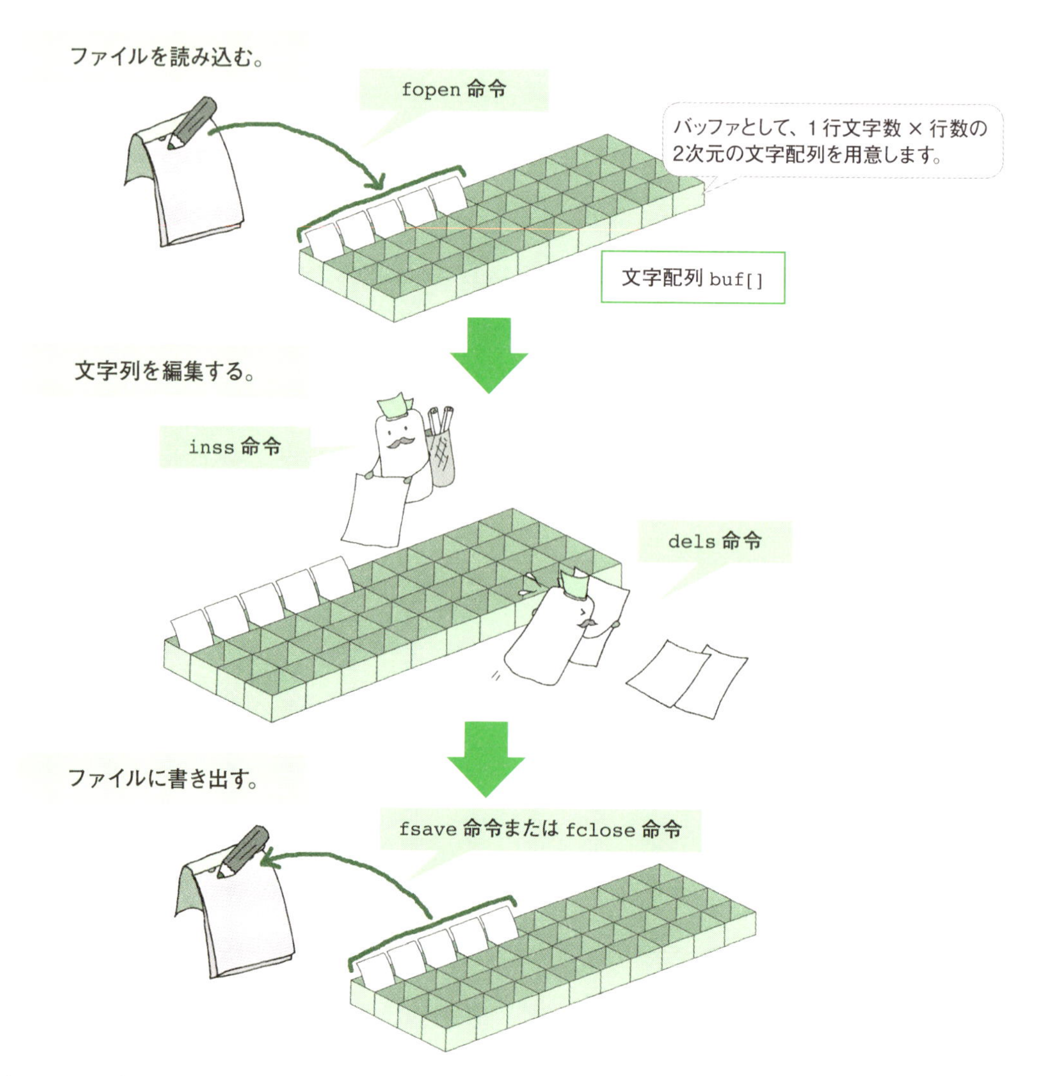

### ≫ファイルに合わせて行数を設定する

バッファの大きさをあらかじめ決めてしまうと、扱えるファイルの大きさが制限されます。また、ファイルデータがバッファより大きいときのチェックを怠ると、データがあふれてしまいます。

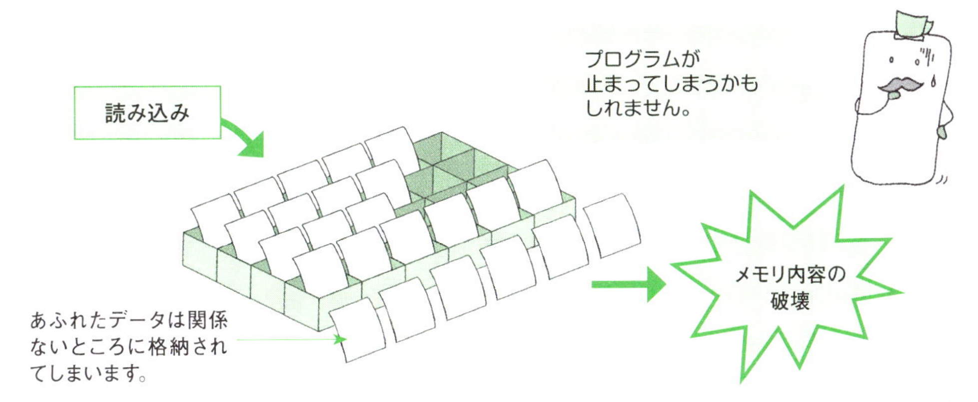


そこで、ファイルの大きさに合わせてバッファを用意することにします。2方向のメモリ領域を変化させるのは難しいので、1行の文字数（桁数）を固定し、行数だけ変化させます。

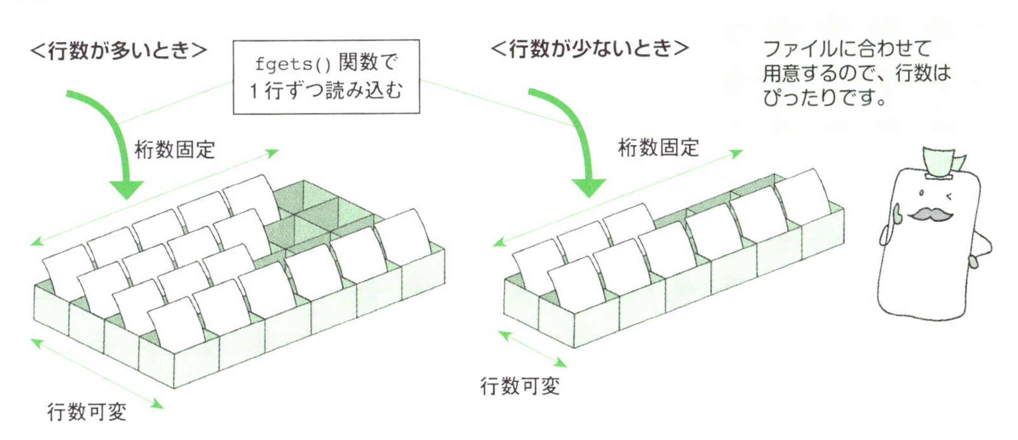


1行の文字数がバッファの桁数より多くても、`fgets()` 関数なら読み込み最大文字数が決められるので、エラーになることはありません。ただし、行がずれてしまいます。

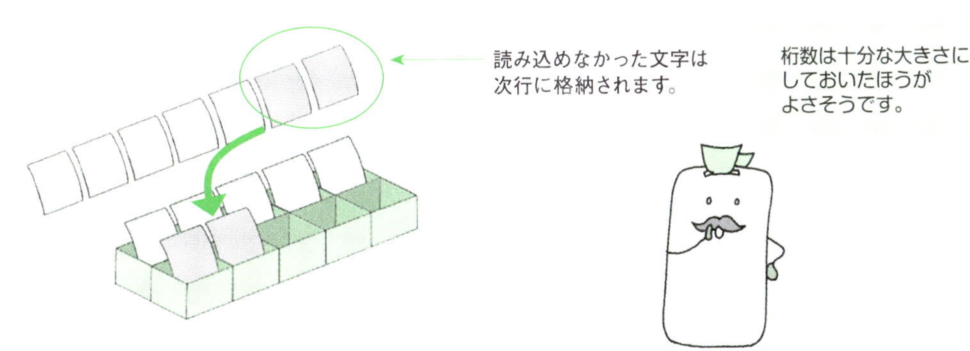

# データ形式を決める(2)

具体的なファイルデータの扱い方を紹介します。

## バッファを用意するには

大きさの決まっている普通の2次元配列は、次のように宣言できます。

```
char buf[3][5];
```

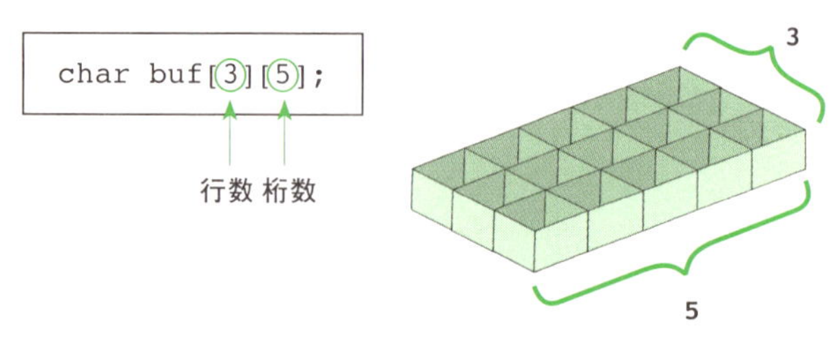


今回はバッファの大きさををファイルに合わせて決めるのですが、**char[n][5];**(n は変数)のような宣言はできません。そのようなときは次のように宣言します。

```
char (*buf)[5];
```

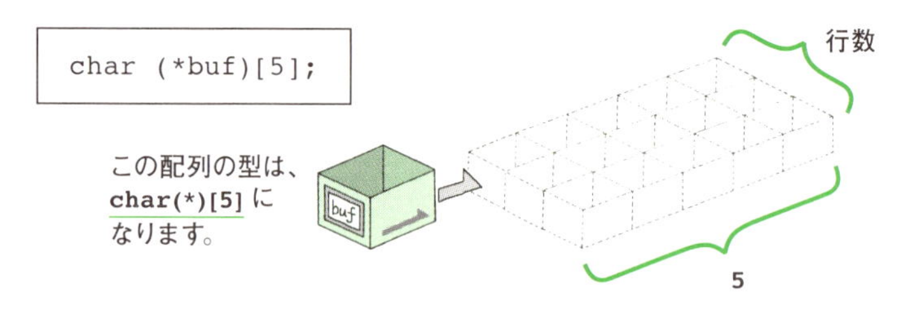

バッファを用意するときは、malloc() 関数で、行数 × 文字数ぶんのメモリを確保します。

```
buf = (char(*)[5])malloc(sizeof(char) * lines * 5);
```

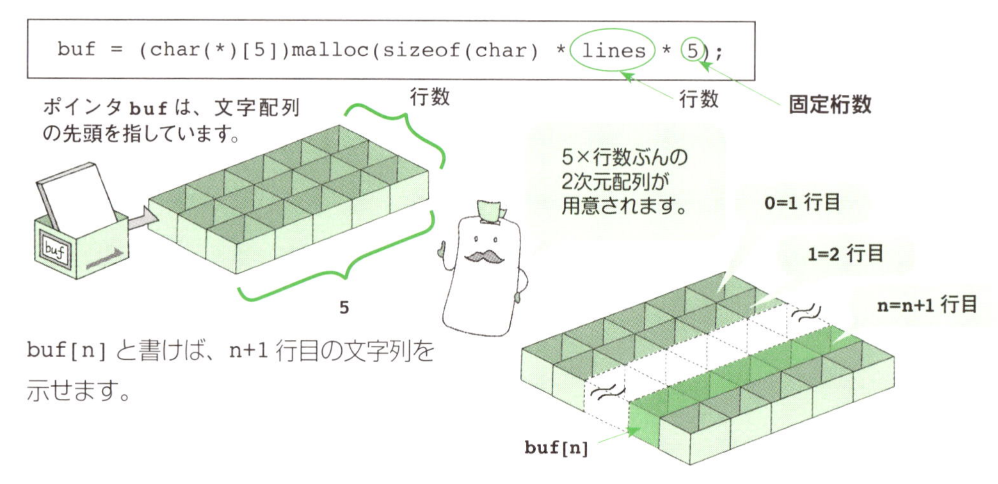


buf[n] と書けば、n+1 行目の文字列を示せます。

バッファの後始末をするときは、free() 関数でメモリを解放します。

```
free(buf);
buf = NULL;
```

ポインタ buf がどこも指していないことを表すため、NULL にします。

## バッファのテスト

ラインエディタを作る前に、次のような簡単なプログラムを作って、バッファの働きを確認してみましょう。

**例**

```
#include <stdio.h>
#include <stdlib.h>
#include <string.h>

#define MAX_S 20

int main(int argc, char *argv[])
{
   char (*buf)[MAX_S] = NULL;
   int lines = 5;
   FILE *fp;
   int i, n = 0;

   buf = (char (*)[MAX_S])malloc(sizeof(char) * lines * MAX_S);

   fp = fopen("test.txt", "r");
   if(fp == NULL)
      return 0;
   while(fgets(buf[n], MAX_S-1, fp))
      n++;
   fclose(fp);

   for(i = 0; i < n; i++)
      printf("%02d:%s", i, buf[i]);

   free(buf);
   buf = NULL;

   return 0;
}
```

- #define MAX_S 20：1行文字数を 20 とします（これ以降 MAX_S は 20 になります）。
- malloc(...)：バッファとして 20×5 の 2 次元配列を用意します。
- while(fgets(...))：ファイルデータをバッファに格納します。
- printf(...)：fgets() 関数で読み込んだ文字列には改行がついているので、¥nは必要ありません。
- free(buf); buf = NULL;：バッファを解放します。

**test.txt の内容**

```
abcde↵
fghijklmn↵
opqrstu↵
vwxyz↵
```

**実行結果**

```
00:abcde
01:fghijklmn
02:opqrstu
03:vwxyz
```

※test.txt の各行の最後には改行を入れます。

# 基本設計の決定（1）

**プログラム全体の流れを決めましょう。**

## プログラムの流れ

P. 100の仕様によると、プログラム全体の流れは次のようになります。

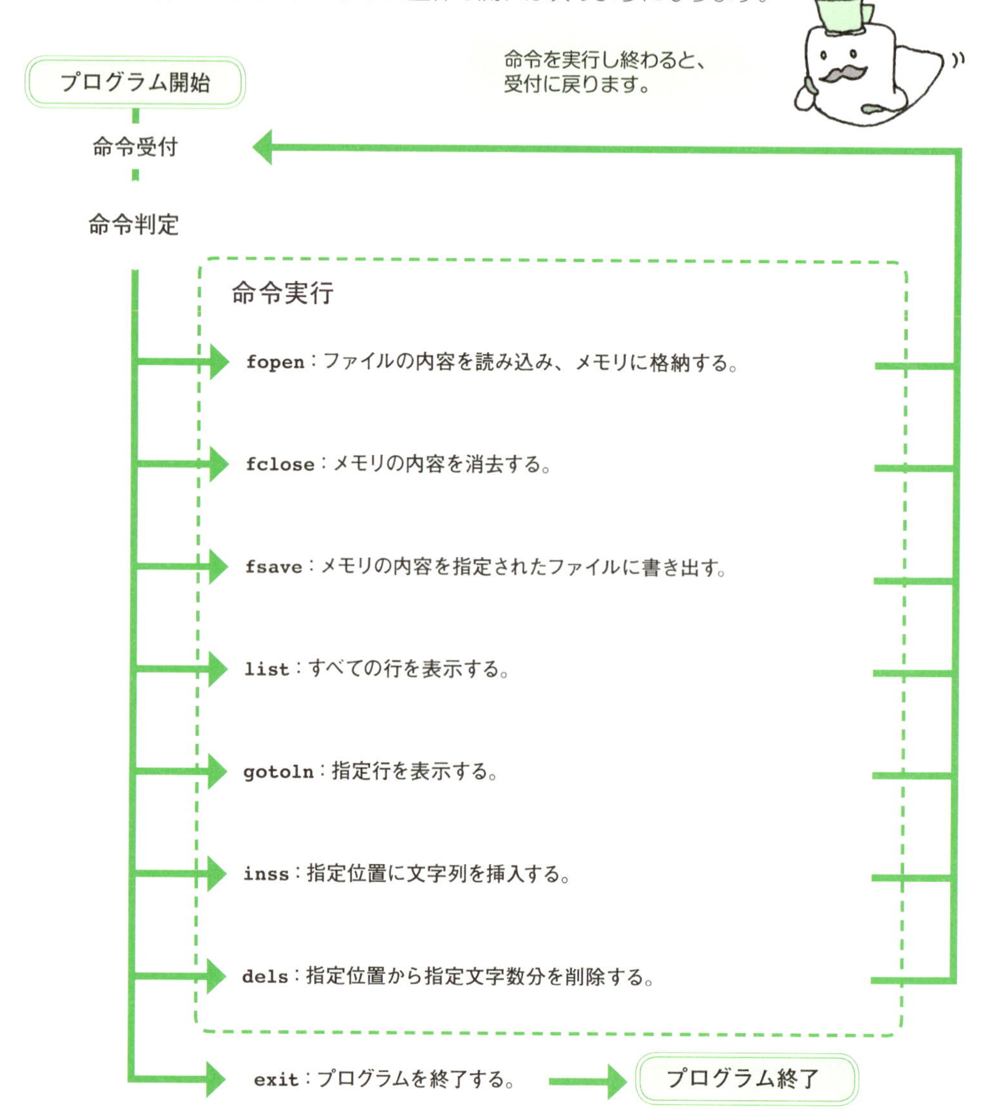

### >> 各機能の動作の詳細

「命令実行」の部分の各機能の動作を、さらに詳しく見てみましょう。

**fopen**

ファイル名 fname を入力させる ▶ データの行数 lines を数える ▶ バッファ buf を用意する ▶ データを buf に読み込む

**fclose**

バッファ buf の後始末をする ▶ 各変数を初期値に戻す

**fsave**

ファイル名 fname を入力させる ▶ バッファ buf の内容を指定ファイルに書き出す

**list**

バッファの内容をすべて表示する

**gotoln**

行番号 n を入力させる ▶ バッファの buf[n] の内容を表示する

**inss**

行番号 n、桁番号 i、挿入文字列 t を入力させる ▶ バッファの buf[n][i] の位置に t を挿入する ▶ 結果を表示する

**dels**

行番号 n、桁番号 i、削除文字数 c を入力させる ▶ バッファの buf[n][i] の位置から c 文字ぶんを削除する ▶ 結果を表示する

# 基本設計の決定(2)

**プログラム全体の流れが決まったら、利用する変数のスコープと、プログラムのおおまかな構成を考えます。**

## プログラムに合った変数のスコープ

このプログラムでは、どの命令を実行してもデータを格納した文字配列を必ず使います。よく使われる変数はグローバル変数にしておくと便利です。

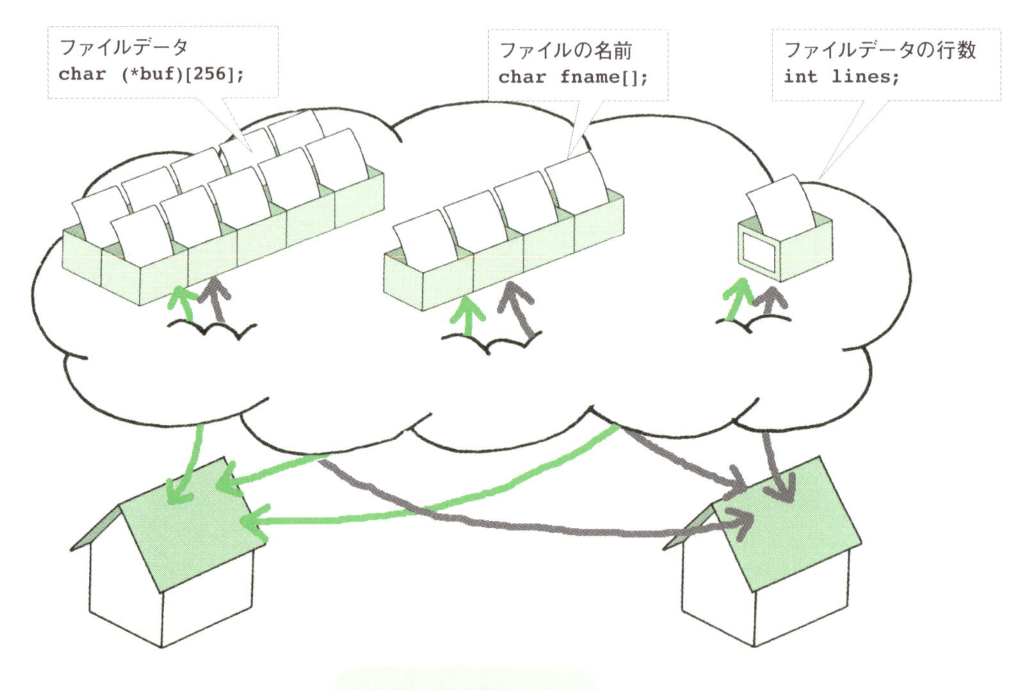


この3つの変数は
プログラム内すべてが
スコープになります。

プログラムはだいたい次のような構成になります。

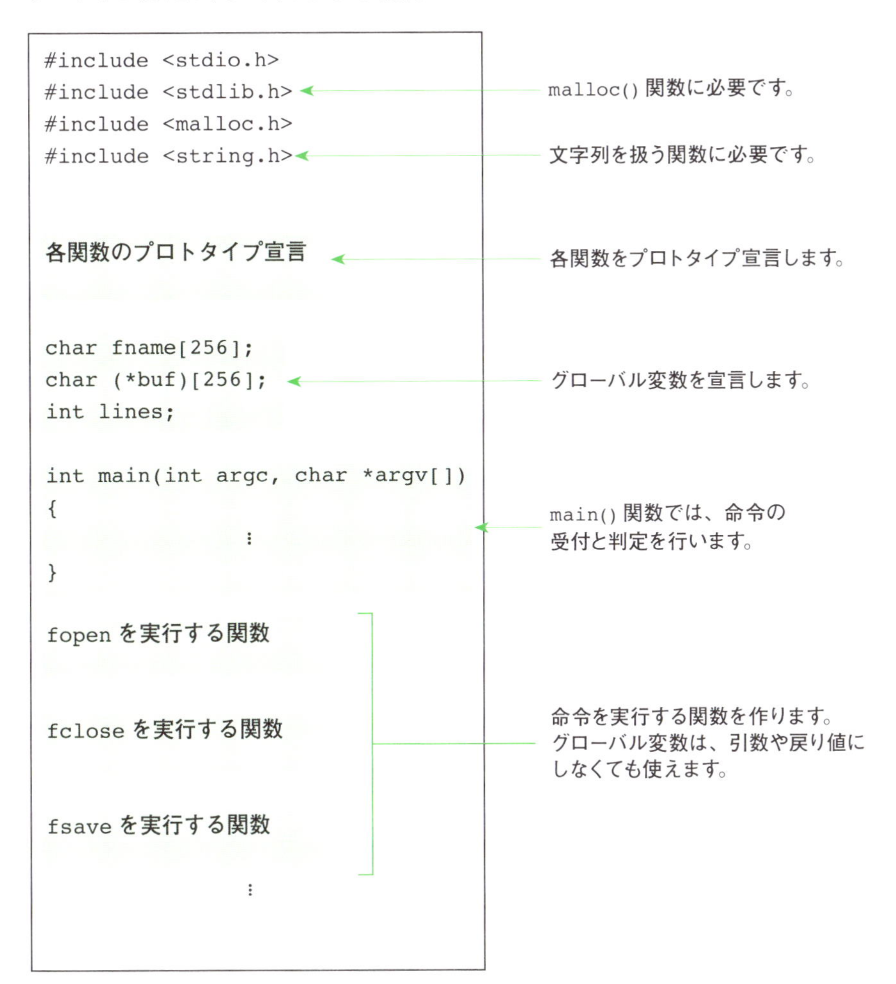

# メイン部分を作る

**main( ) 関数には、命令受付の機能を記述します。**

## main() 関数の流れ

main() 関数内のプログラムの流れは、次のようになります。

```
int main(int argc, char *argv[])
{
  char cmd[20];

  while(1){

     printf("command:");
     scanf("%s", cmd);

     if(strcmp(cmd, "fopen") == 0)
          fopen を実行する関数
     else if(strcmp(cmd, "fclose") == 0)
          fclose を実行する関数
     else if(strcmp(cmd, "fsave") == 0)
          fsave を実行する関数
     else if(strcmp(cmd, "list") == 0)
          list を実行する関数
     else if(strcmp(cmd, "gotoln") == 0)
          gotoln を実行する関数
     else if(strcmp(cmd, "inss") == 0)
          inss を実行する関数
     else if(strcmp(cmd, "dels") == 0)
          dels を実行する関数
     else if (strcmp(cmd, "exit") == 0)
          break;
  }
   バッファの後始末処理
  return 0;
}
```

- char cmd[20]; ← 入力された命令を格納する変数です。
- while(1){ ← exit が入力されるまで、命令を処理し続けるように while ループにします。
- printf / scanf ← 命令を受け付けます。
- strcmp(cmd, "fopen") ← 入力された命令と命令文を比較します。
- strcmp( )（ストリングコンプ）関数は、引数の2つの文字列が同じときに0を返します。
- 命令の判定には、if ～ else 文を使います。
- break; ← while ループから脱出します。

## 命令と関数の対応

それぞれの命令と対応する関数の名前は次のようにしましょう。

| 命令 | 関数名 |
|---|---|
| fopen | openFile() |
| fclose | closeFile() |
| fsave | saveFile() |
| list | listLines() |
| gotoln | gotoLine() |
| inss | insertString() |
| dels | deleteString() |

## バッファの後始末の実装

プログラム実行中にバッファを用意したら、後始末が必要です。後始末をせずにプログラムを終了する流れがないかを必ず確認しましょう。

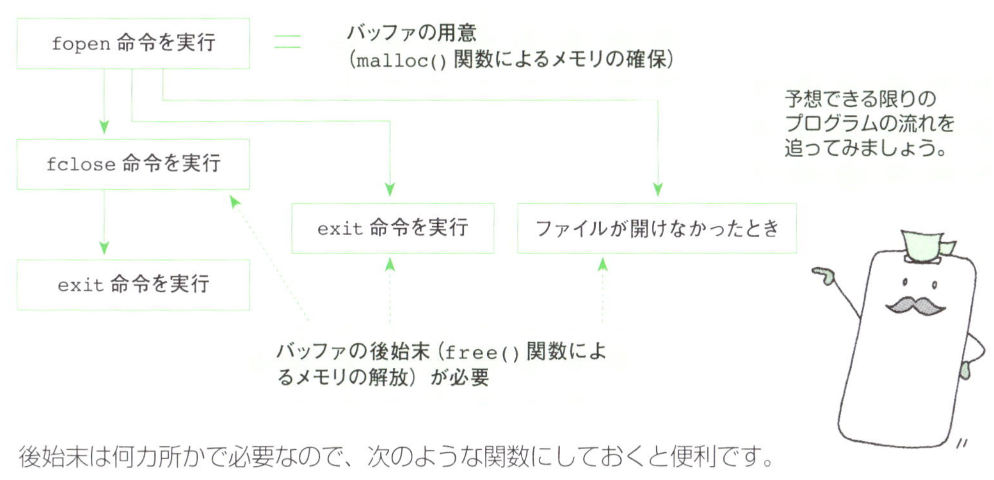


後始末は何カ所かで必要なので、次のような関数にしておくと便利です。

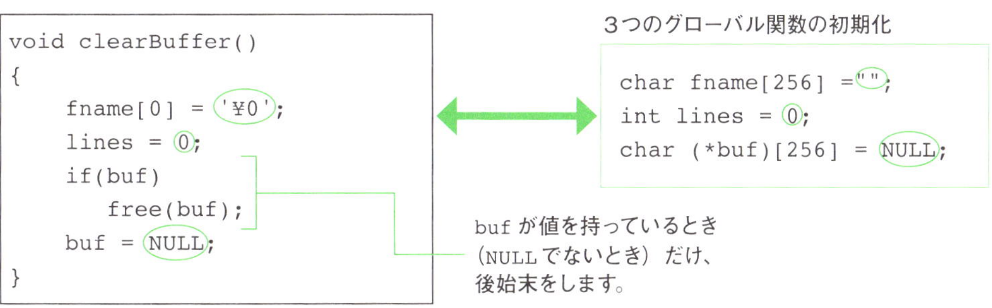

# 機能を作る(1)

**はじめに、このプログラムの基本であるファイルに関する機能を作ります。**

## ファイルを扱う処理

ファイルデータに関する命令には、fopen、fclose、fsaveがありました。この3つの命令を実行するための関数を、次のように対応させます。

| | | |
|---|---|---|
| **fopen** | ファイルを読み込む | openFile()関数 |
| **fclose** | バッファの後始末とグローバル変数の初期化 | closeFile()関数 |
| **fsave** | ファイルへ書き出す | saveFile()関数 |

### ≫命令実行に必要な処理の整理

関数内の流れをわかりやすくするために、命令実行に必要な処理を整理してみましょう。主要な処理以外の機能は、関数にするとよさそうです。

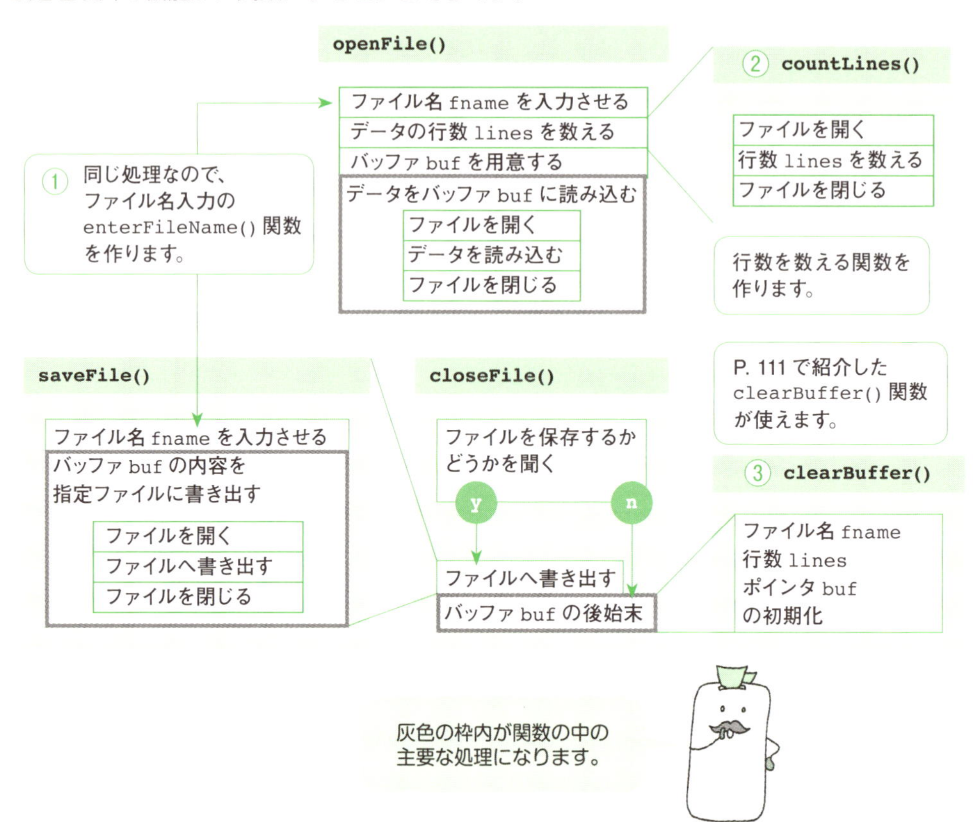

# openFile() 関数を作る

ファイルデータに関する処理の中から代表として、openFile() 関数を作ります。openFile() 関数とその他の必要な関数は次のような仕様にします。

| | |
|---|---|
| 関数名 | openFile() 関数 |
| 目的 | データ量に合わせたバッファを用意して、ファイルデータをバッファに読み込む |
| 引数 | なし |
| 戻り値 | void( なし ) |

①

| | |
|---|---|
| 関数名 | enterFileName() 関数 |
| 目的 | ファイル名を入力させる |
| 引数 | なし |
| 戻り値 | void( なし ) |

②

| | |
|---|---|
| 関数名 | countLines() 関数 |
| 目的 | ファイルデータの行数を数える |
| 引数 | なし |
| 戻り値 | void( なし ) |

③

| | |
|---|---|
| 関数名 | clearBuffer() 関数 |
| 目的 | バッファの後始末をし、グローバル変数 (fname, lines, buf) を初期化する |
| 引数 | なし |
| 戻り値 | void( なし ) |

```
void openFile()
{
    int n = 0;
    FILE *fp;
    char *myline;  ← 読み込んでいる行を指すポインタ

    enterFileName();

    countLines();

    buf = (char (*)[MAXLEN])malloc(sizeof(char) * lines * MAXLEN);
    if(!buf)
        return;

     fp = fopen(fname, "r");
     if(fp == NULL) {
            clearBuffer();
            return;
     }
     while(fgets(buf[n], MAXLEN-1, fp)){
            myline = buf[n];
            myline[strlen(myline)-1] = '¥0';
            n++;
     }
     fclose(fp);
     printf("%d 行読み込みました。¥n", lines);
}
```

最大文字数を表します。（MAXLEN）

lines：行数　MAXLEN：文字数

clearBuffer()：ファイルを開けなかったときは clearBuffer() を実行します。

文字列の最後に余分な改行がついているので取り除きます。

# 機能を作る(2)

**編集や参照の命令に対応する関数を作りましょう。**

## 編集に関する処理

編集や参照を行う命令には inss、dels、list、gotoln があります。これらに対応する関数は次のようになります。

| | | |
|---|---|---|
| **inss** | 指定位置に文字列を挿入する | insertString() 関数 |
| **dels** | 指定位置から指定文字数を削除する | deleteString() 関数 |
| **list** | バッファの内容を一覧表示する | listLines() 関数 |
| **gotoln** | 指定された行番号の内容を表示する | gotoLine() 関数 |

## insertString() 関数を作る

編集や参照を行う命令の中から代表として、insertString() 関数を作ります。まずは関数内の流れを整理しましょう。

**insertString()**

| |
|---|
| 行番号 row、桁番号 col を入力させる |
| 挿入文字列 insstr を入力させる |
| バッファの指定位置に挿入文字列 insstr を挿入する |
| 挿入した行の結果を表示する |

dels の関数でも使えそうなので、関数にしておきます。

### » 入力文字列をバッファ文字列に挿入する

insertString() 関数で最も重要な処理は、挿入文字列 insstr をバッファの指定位置に挿入することです。sprintf() 関数と strcpy() 関数を使えば簡単です。

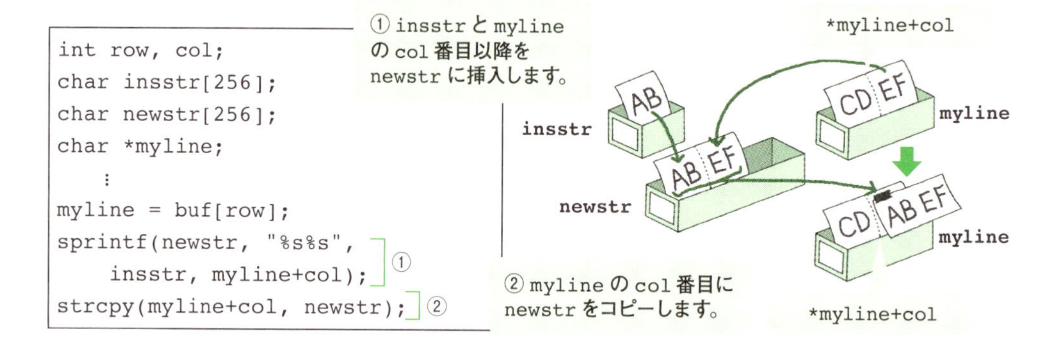

```
int row, col;
char insstr[256];
char newstr[256];
char *myline;
    ⋮
myline = buf[row];
sprintf(newstr, "%s%s",
    insstr, myline+col);   ①
strcpy(myline+col, newstr); ②
```

ここで使う関数は次のようになります。

| | |
|---|---|
| 関数名 | insertString() 関数 |
| 目的 | バッファの指定位置に文字列を挿入する |
| 引数 | なし |
| 戻り値 | void( なし ) |

複数の変数を同時に受け取るには、参照渡しにします。

| | |
|---|---|
| 関数名 | enterPosition() 関数 |
| 目的 | 行番号、桁番号を入力させて読み込む |
| 引数 | int *prow : row へのポインタ<br>int *pcol : col へのポインタ |
| 戻り値 | void( なし ) |

```
void enterPosition(int *prow, int *pcol)
{
    *prow = 0;
    *pcol = 0;

    printf("行番号:");
    scanf("%d", prow);

    printf("桁番号:");
    scanf("%d", pcol);
}
```

- `*prow = 0;` `*pcol = 0;` ← ポインタが指している先の値を初期化します。
- `printf("行番号:");` `scanf("%d", prow);` ← 行番号を入力させます。
- `printf("桁番号:");` `scanf("%d", pcol);` ← 桁番号を入力させます。

```
void insertString()
{
   int row, col;
   char insstr[MAXLEN];
   char newstr[MAXLEN];
   char *myline;

   enterPosition(&row, &col);
   myline = buf[row];
   printf("挿入する文字:");
   scanf("%s", insstr);

   sprintf(newstr, "%s%s", insstr, myline + col);
   strcpy(myline + col, newstr);
   printf("%d行%d文字目に¥"%s¥"を挿入しました。¥n", row, col, insstr);
   printf("%04d:%s¥n", row, myline);
}
```

- `char *myline;` ← 指定された行を指すためのポインタ
- `printf("挿入する文字:");` `scanf("%s", insstr);` ← 挿入文字列を入力させ、insstr に格納します。
- `sprintf(newstr, "%s%s", insstr, myline + col);` `strcpy(myline + col, newstr);` ← 指定位置にinsstrを挿入します。

# 完成プログラム

## ●完成プログラムの例

ソースコード

※［　　］は今回作成した関数の呼び出しです。

```
#include <stdio.h>
#include <stdlib.h>
#include <string.h>

#define MAXLEN 256        ← 1行の最大文字数をMAXLENとしました。値は256です。

void openFile();
void closeFile();
void saveFile();
void listLines();
void gotoLine();
void insertString();
void deleteString();
void showHelp();
void countLines();
void enterFileName();
void clearBuffer();
void enterPosition(int *, int *);      ← プロトタイプ宣言です。


char fname[256] = "";
char (*buf)[MAXLEN] = NULL;
int lines = 0;                         ← グローバル変数の宣言です。

/* メニュー */
int main(int argc, char *argv[])
{
    char cmd[20];

    while(1) {
        printf("command:");
        scanf("%s", cmd);

        if(strcmp(cmd, "fopen" ) == 0)      openFile();
        else if(strcmp(cmd, "fclose" ) == 0) closeFile();
        else if(strcmp(cmd, "fsave" ) == 0) saveFile();
        else if(strcmp(cmd, "list"  ) == 0) listLines();
        else if(strcmp(cmd, "gotoln") == 0) gotoLine();
        else if(strcmp(cmd, "inss"  ) == 0) insertString();
        else if(strcmp(cmd, "dels"  ) == 0) deleteString();
        else if(strcmp(cmd, "help"  ) == 0) showHelp();
        else if(strcmp(cmd, "exit") == 0)   break;
        else                                printf("%s?¥n", cmd);
    }                                       ↑ 規定のコマンド以外が入力されたときの処理です。
    clearBuffer();
    return 0;
}
```

```
/* ファイル名の入力 */
void enterFileName()
{
    printf("filename:");
    scanf("%s", fname);
}

/* ファイルの行数のカウント */
void countLines()
{
    FILE *fp;
    char s[MAXLEN];

    lines = 0;
    fp = fopen(fname, "r");
    if(fp == NULL)
        return;
    while(fgets(s, MAXLEN-1, fp))
        lines++;
    printf("m = %d¥n", lines);

    fclose(fp);
}

/* バッファ、ファイル名、行数の初期化 */
void clearBuffer()
{
    fname[0] = '¥0';
    lines = 0;
    if(buf)
        free(buf);
    buf = NULL;
}

/* メモリを確保してファイルを読み込む */
void openFile()
{
    int n = 0;
    FILE *fp;
    char *myline;

    enterFileName();

    countLines();

    buf = (char (*)[MAXLEN])malloc(sizeof(char) * lines * MAXLEN);
    if(!buf)
        return;

    fp = fopen(fname, "r");
    if(fp == NULL) {
        clearBuffer();
        return;
    }
    while(fgets(buf[n], MAXLEN-1, fp)){
        myline = buf[n];                       /* バッファにコピー */
        myline[strlen(myline)-1] = '¥0';    /* 余分な改行をカット */
        n++;
    }
    fclose(fp);
    printf("%d 行読み込みました。¥n", lines);
}
```

ファイルデータの行数を数えます。

# 完成プログラム

```
/* メモリの解放 */
void closeFile()
{
    char ans[20] = "";
    printf("保存しますか?(y or n):");
    scanf("%s", ans);
    if(ans[0] == 'y')
        saveFile();
    clearBuffer();
    printf("消去しました。¥n");
}

/*ファイルの保存*/
void saveFile()
{
    int n;
    FILE *fp;

    enterFileName();
    fp = fopen(fname, "w");
    if(fp == NULL)
        return;
    for(n = 0; n < lines; n++)
        fprintf(fp, "%s¥n", buf[n]);
    fclose(fp);
    printf("保存しました。¥n");
}

/*全行表示*/
void listLines()
{
    int n;
    for(n = 0; n < lines; n++)
        printf("%04d:%s¥n", n, buf[n]);
}

/*指定行の表示*/
void gotoLine()
{
    int n;
    printf("行番号:");
    scanf("%d", &n);
    if(0 <= n && n < lines)
        printf("%04d:%s¥n", n, buf[n]);
}

/*文字位置の入力*/
void enterPosition(int *prow, int *pcol)
{
    int row, col, characters;
    *prow = *pcol = 0;

    printf("行番号:");
    scanf("%d", &row);
    if(row < 0 || row >= lines)
        return;
    characters = strlen(buf[row]);

    printf("桁番号:");
    scanf("%d", &col);
    if(col < 0 || col >= characters)
        return;

    *prow = row;
    *pcol = col;
}
```

ファイル名を入力させます。（enterFileName();）

バッファの内容を最後の行まで、ファイルに書き出します。（saveFile の for ループ）

バッファの内容を最後の行まで、行番号つきで表示します。（listLines の for ループ）

row の入力範囲をチェックします。

col の入力範囲をチェックします。

```c
/* 文字列の挿入 */
void insertString()
{
    int row, col;              /* 行番号・桁番号 */
    char insstr[MAXLEN];       /* 挿入する文字列 */
    char newstr[MAXLEN];       /* 挿入後の文字列 */
    char *myline;              /* 注目する行 */

    enterPosition(&row, &col);
    myline = buf[row];
    printf("挿入する文字 :");
    scanf("%s", insstr);
    if(strlen(myline) + strlen(insstr) >= MAXLEN)
        return;

    sprintf(newstr, "%s%s", insstr, myline + col);
    strcpy(myline + col, newstr);
    printf("%d行%d文字目に¥"%s¥"を挿入しました。¥n", row, col, insstr);
    printf("%04d:%s¥n", row, myline);
}

/* 文字列の削除 */
void deleteString()
{
    int row, col;   /* 行番号・桁番号 */
    int delnum;     /* 削除する文字数 */
    char *myline;   /* 注目する行 */
    int mylength;   /* 注目する行の長さ */
    int i;          /* カウンタ */

    enterPosition(&row, &col);
    myline = buf[row];
    mylength = strlen(myline);
    printf("文字数 :");
    scanf("%d", &delnum);
    if(delnum <= 0 || mylength < col + delnum)
        return;

    for(i = col; i <= mylength - delnum; i++)
        myline[i] = myline[i + delnum];
    printf("%d行%d文字目から%d文字を削除しました。 ¥n", row, col, delnum);
    printf("%04d:%s¥n", row, myline);
}

/* ヘルプの表示 */
void showHelp()
{
    printf("COMMAND HELP      :¥"help¥"¥n");
    printf("LOAD FILE         :¥"fopen¥"¥n");
    printf("RELEASE BUFFER    :¥"fclose¥"¥n");
    printf("SAVE FILE         :¥"fsave¥"¥n");
    printf("SHOW ALL LINES    :¥"list¥"¥n");
    printf("SHOW SINGLE LINE  :¥"gotoln¥"¥n");
    printf("INSERT STRING     :¥"inss¥"¥n");
    printf("DELETE STRING     :¥"dels¥"¥n");
}
```

指定行番号の文字列と挿入文字列の和が最大文字数以上になったときは、main()関数に戻ります。

削除文字数の入力範囲をチェックします。

指定文字ぶんを削除します。

# COLUMN

## ～時間がかかる処理～

最近のコンピュータはかなり処理速度が速くなってきましたが、そうはいっても処理のひとつひとつにはわずかですが時間がかかっています。どんな処理に時間がかかるのかを知っておけばプログラムを高速にしたいときに役立ちます。

**◎機械の動作を伴う処理**

最も身近なものはディスクの読み書きでしょう。このような処理では、たいてい処理が終わるまでの間、プログラムの実行が止まります。また、一般的に読み込みよりも書き出しのほうが時間がかかります。ディスクに頻繁にアクセスするようなら、できるだけ一度にメモリに読み込み、メモリ内で処理するようにしてみましょう。

また、実際に機械の動作が目に見えなくても、ディスプレイへの表示や通信など、装置を使う処理はメモリ上での演算に比べるとかなり時間がかかります。かかっている時間のほとんどがプログラムの途中経過の表示だったというケースもあります。

**◎浮動小数点の演算**

float 型や double 型の変数を使った浮動小数点演算は一般に整数型の演算より時間がかかります。整数で済ませられる部分はできるだけ整数型（int 型が望ましい）にしたほうがよいでしょう。もし、どうしても小数点以下の演算がしたくて、速度が追いつかないときは、整数を「実数を 100 倍した数」などとみなして、整数の演算をしたあと、最後に結果を得る直前に 100 で割った値を表示するという方法もあります。このような計算を**固定小数点演算**といいます。ただし、演算するときの精度には気をつける必要があります。

**◎繰り返し処理**

for や while の中の繰り返し処理は、たとえ記述が 1 カ所でも、1000 回も 10000 回も実行されるかもしれません。この処理の内容を見直すことは、ほかの処理を苦労して最適化するよりずっと効率的です。たとえば、10000 回処理される機能で、1 回の処理に 0.1 秒かかっていたところを 0.01 秒に改良しただけで、16 分 40 秒の処理が 1 分 40 秒まで一気に短縮できます。

# 7

# 高度なアルゴリズム

##  素数、素因数分解、最大公約数

この章の前半では、素数、素因数分解、最大公約数を求める数学的な手法をプログラムにしていきます。求め方はあらかじめ提示しますので、あとはそれを理解し、プログラムにしていくだけです。

素数は、古代ギリシャ時代から知られていた数で、2、3、5･･･といった、1と自分自身でしか割り切れない数のことです。素数を求めるには「素数以外の数は、素数の倍数」という事実を利用した「エラトステネスのふるい」という方法を用います。

素因数分解は、素数のかけ算だけで数を表すことです。因数とは、かけ算だけで数を表したときに使われる数のことで、素数の因数のことを素因数といいます。たとえば、60=2×2×3×5なので、2、3、5が素因数です。現在までに開発されている方法を使っても、桁の多い数の素因数分解には非常に時間がかかるので、素因数分解は暗号化の分野でよく使われます。

最大公約数とは、2つ以上の正の整数に共通な約数（その数を割り切れる整数）のうち、最大のものです。最大公約数も、古代ギリシャ時代には知られていた数です。

C言語の基礎

基本的な制御

制御の活用

関数の利用

問題への取り組み方

実践的プログラミング

高度なアルゴリズム

ソートとサーチ

付録

## リンクリストとは

リンクリストとは、データを格納するテクニック（データ構造）のひとつです。身近なデータ構造として配列がありますが、機能としてはほとんど同じです。

リンクリストは、構造体の集まりで表され、構造体はメンバとして自分自身と同じ型のポインタを持っています。そして、そのポインタが次の要素を指すようにすることで、構造体を鎖のようにつなげます。これを扱うにはちょっと面倒なアルゴリズムを使いますが、切ったりつないだりするイメージがちゃんとわかっていれば、そんなに難しくはありません。メモリの物理的な移動なしにデータの追加や削除、並べ替えができるので、そのような操作が多いデータを扱うのに向いています。ただし、目的のデータを参照するのに、先頭からたどっていかなければならず、配列よりもデータの呼び出しに時間がかかるという欠点もあります。

今回紹介するのは次の要素だけを指しているリンクリストですが、同時に前の要素を指すものもあります。

この章のプログラムの完成形は、章末のサンプルプログラムで紹介しています。

# 素数を求める

**古代ギリシャ時代から知られている、**
**「エラトステネスのふるい」という方法をプログラムにしてみます。**

## 素数とは

素数とは、「1とそれ自身でしか割り切れない、2以上の整数」（たとえば、2、3、5、7、11、13、17、19…）のことです。素数を求めるには、**「素数でない数（＝ある数の倍数）をふるい落としていく」**方法を使います。

灰色の数字は
消した数です。

例として、1から50までの素数を求める方法を紹介します。

1は素数ではないので消します。
2に注目→2の倍数を消します。

| 1 | 2 | 3 | ~~4~~ | 5 | ~~6~~ | 7 | ~~8~~ | 9 | ~~10~~ |
|---|---|---|---|---|---|---|---|---|---|
| 11 | ~~12~~ | 13 | ~~14~~ | 15 | ~~16~~ | 17 | ~~18~~ | 19 | ~~20~~ |
| 21 | ~~22~~ | 23 | ~~24~~ | 25 | ~~26~~ | 27 | ~~28~~ | 29 | ~~30~~ |
| 31 | ~~32~~ | 33 | ~~34~~ | 35 | ~~36~~ | 37 | ~~38~~ | 39 | ~~40~~ |
| 41 | ~~42~~ | 43 | ~~44~~ | 45 | ~~46~~ | 47 | ~~48~~ | 49 | ~~50~~ |

次の数3に注目→3の倍数を消します。

| 1 | 2 | 3 | 4 | 5 | 6 | 7 | 8 | ~~9~~ | 10 |
|---|---|---|---|---|---|---|---|---|---|
| 11 | 12 | 13 | 14 | ~~15~~ | 16 | 17 | 18 | 19 | 20 |
| ~~21~~ | 22 | 23 | 24 | 25 | 26 | ~~27~~ | 28 | 29 | 30 |
| 31 | 32 | ~~33~~ | 34 | 35 | 36 | 37 | 38 | ~~39~~ | 40 |
| 41 | 42 | 43 | 44 | ~~45~~ | 46 | 47 | 48 | 49 | 50 |

4は消えているので、とばします
次の数5に注目→5の倍数を消します。

| 1 | 2 | 3 | 4 | 5 | 6 | 7 | 8 | 9 | 10 |
|---|---|---|---|---|---|---|---|---|---|
| 11 | 12 | 13 | 14 | 15 | 16 | 17 | 18 | 19 | 20 |
| 21 | 22 | 23 | 24 | ~~25~~ | 26 | 27 | 28 | 29 | 30 |
| 31 | 32 | 33 | 34 | ~~35~~ | 36 | 37 | 38 | 39 | 40 |
| 41 | 42 | 43 | 44 | 45 | 46 | 47 | 48 | 49 | 50 |

これらの作業を、倍数がなくなるまで繰り返します。
残った数が素数です。

| 1 | 2 | 3 | 4 | 5 | 6 | 7 | 8 | 9 | 10 |
|---|---|---|---|---|---|---|---|---|---|
| 11 | 12 | 13 | 14 | 15 | 16 | 17 | 18 | 19 | 20 |
| 21 | 22 | 23 | 24 | 25 | 26 | 27 | 28 | 29 | 30 |
| 31 | 32 | 33 | 34 | 35 | 36 | 37 | 38 | 39 | 40 |
| 41 | 42 | 43 | 44 | 45 | 46 | 47 | 48 | 49 | 50 |

## プログラムへのアプローチ

上記の方法の要点を整理すると、次のようになります。

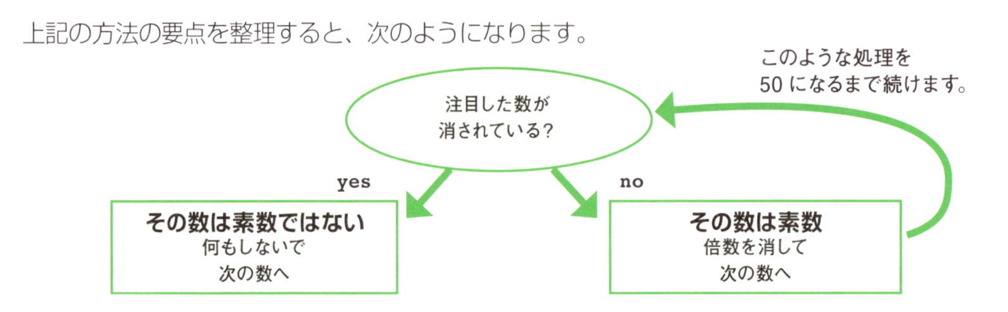

先ほどの例からわかるとおり、消した数を記録しておくしくみが必要です。次のような 2 から 50 までに対応した配列に記録しておくことにしましょう。

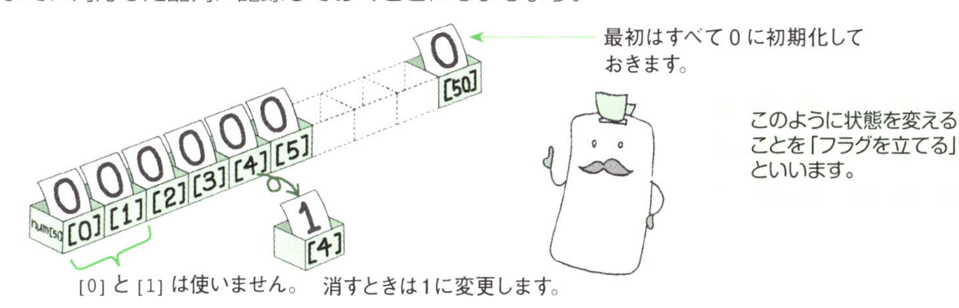


## プログラムを作る

先ほどのルールをもう少しプログラムに即した形で考えてみましょう。フローチャートに直してみると次のようになります。

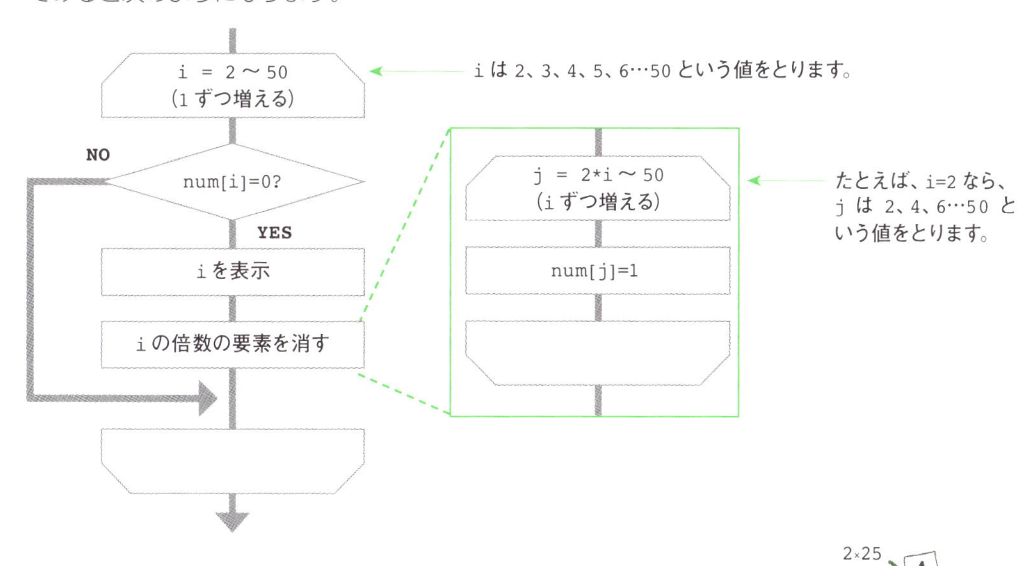


これをプログラムにすると、次のようになります。

```
for(i = 2; i <= 50; i++) {
    if(num[i] == 0) {
        printf("%d ", i);
        for(j = 2*i; j <= 50; j += i)
            num[j] = 1;
    }
}
```

2×2　2×3　…　2×25

[2] [3] [4] [5] [6]　[50]

2 の倍数の要素にフラグを立てます。

iずつ増やして倍数を作っていきます。

# 素因数分解

**数を素数の積で表すことを考えます。この積に含まれる数のことを素因数といいます。素数は前に求めたものが使えます。**

## 素因数分解する

素因数分解とは、正の整数を素数のかけ算で表すことです。60を素因数分解してみます。

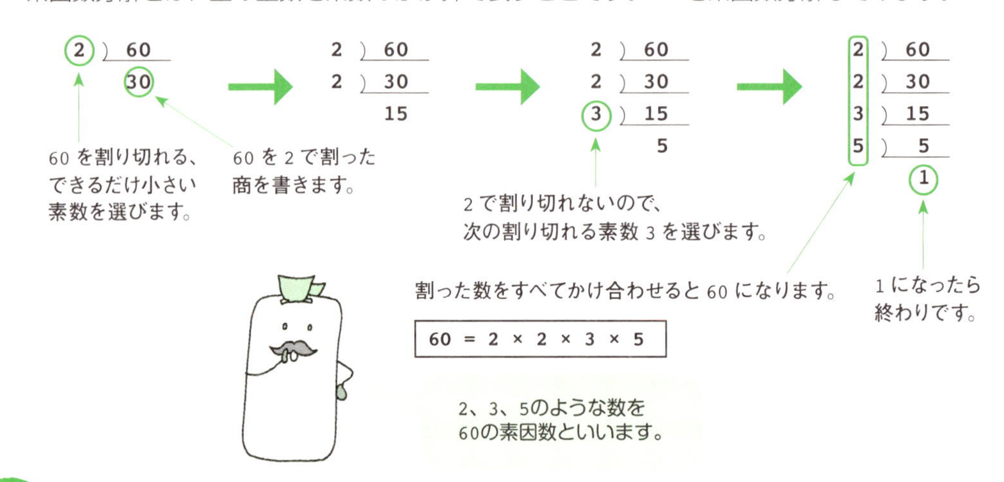


## プログラムへのアプローチ

上記の方法を見ると、割られる数と割る数は毎回異なりますが、やっていることは同じです。そこで、割られる数をm、割る数をnとし、上記の様子を図にしてみると、次のようになります。

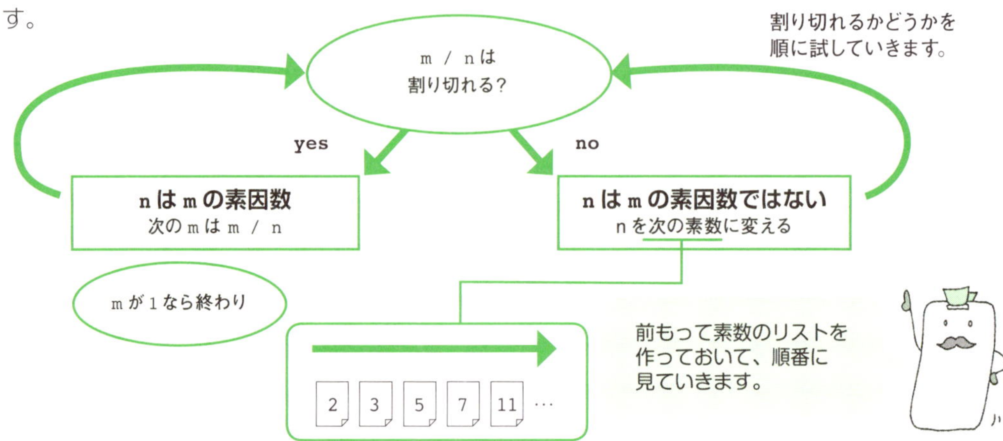

## プログラムを作る

左ページの模式図では、繰り返しが同時に2つ出てきて、構造化プログラミングには向きません。そこで、もう少し形を変えてみます。行っていることは同じです。

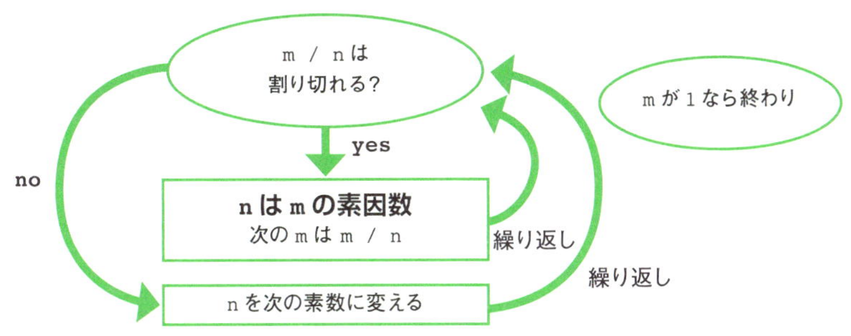


素数が入った配列がすでに用意されているとして、これを p[ ] とすると、フローチャートは次のようになります。

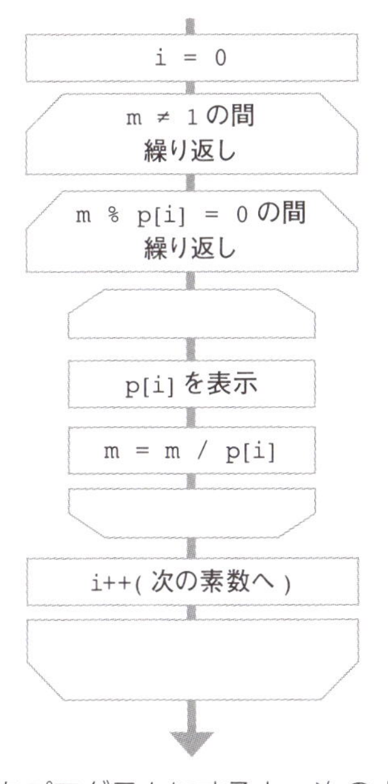


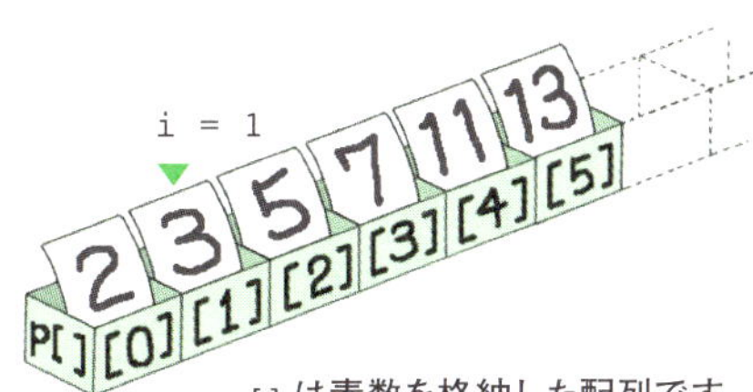


p[] は素数を格納した配列です。
p[i] は模式図の n に相当します。

これをプログラムにすると、次のようになります。

```
i = 0;
while(m != 1) {
   while(m % p[i] == 0) {
      printf("%d ", p[i]);
      m = m / p[i];
   }
   i++;
}
```

# 最大公約数を求める

**最大公約数は２つの数で共通に割り切れる数（公約数）のうち、最大のものです。これを求める「ユークリッドの互除法」を紹介します。**

## ユークリッドの互除法

たとえば、220 と 280 の最大公約数は次のようにして求めます。

| | |
|---|---|
| 280 ÷ 220 = 1 ・・・ 60 | ２つの数のうち、大きいほう (280) を小さいほう (220) で割ります。 |
| 220 ÷ 60 = 3 ・・・ 40 | 次に、前回の「割る数」(220) を「余り」(60) で割ります。 |
| 60 ÷ 40 = 1 ・・・ 20 | 同様に、前回の「割る数」(60) を「余り」(40) で割ります。 |
| 40 ÷ 20 = 2 ・・・ 0 | この作業を繰り返して、余りが 0 になったときの「割る数」(20) が、最大公約数になります。 |

最大公約数

「…」は「余り」という意味です。

## プログラムへのアプローチ

a と b の最大公約数を求める方法を考えます。ただし、a ＞ b とします。

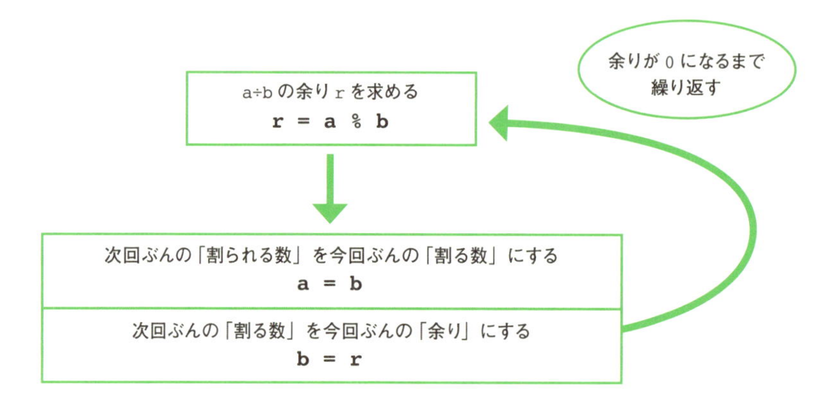

## プログラムを作る

フローチャートは次のようになります。

aよりもbの値が大きい場合には両者を入れ替え、a>bとなるようにします。

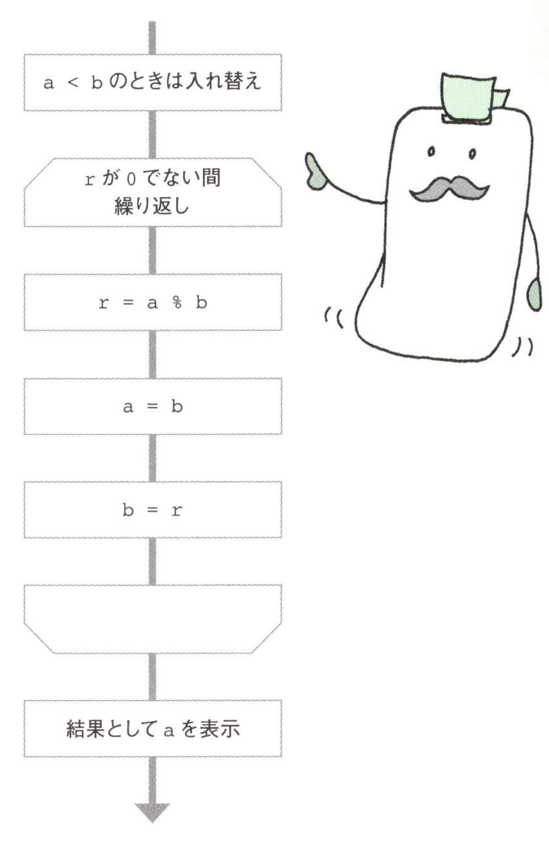


このフローチャートをプログラムにすると、次のようになります。

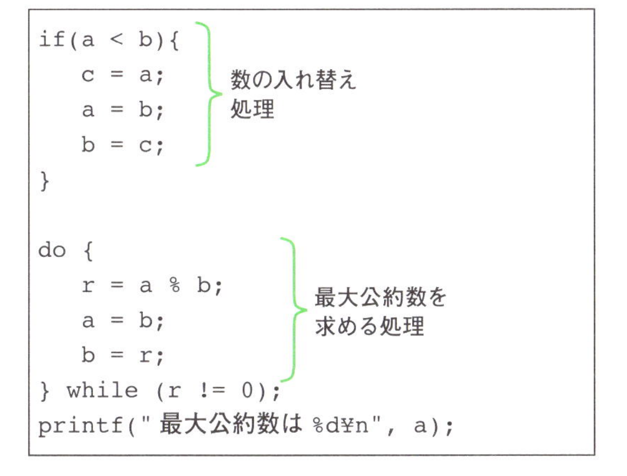

```
if(a < b){
   c = a;
   a = b;
   b = c;
}

do {
   r = a % b;
   a = b;
   b = r;
} while (r != 0);
printf(" 最大公約数は %d¥n", a);
```



元のaとbの値は変わってしまうので注意してください。

# リンクリスト(1)

**リンクリストとは、構造体を利用したデータ格納方法のひとつです。配列に似ていますが、データの登録・削除をより効率的に行えます。**

## リンクリストとは

リンクリストは、配列のように同じタイプのデータを複数格納するためのものですが、配列と違い、メモリ上の格納場所の移動なしに、要素を追加したり、挿入したりできます。リストの要素１つぶんは次のような構造体でできています。

**例）STRLIST 構造体**

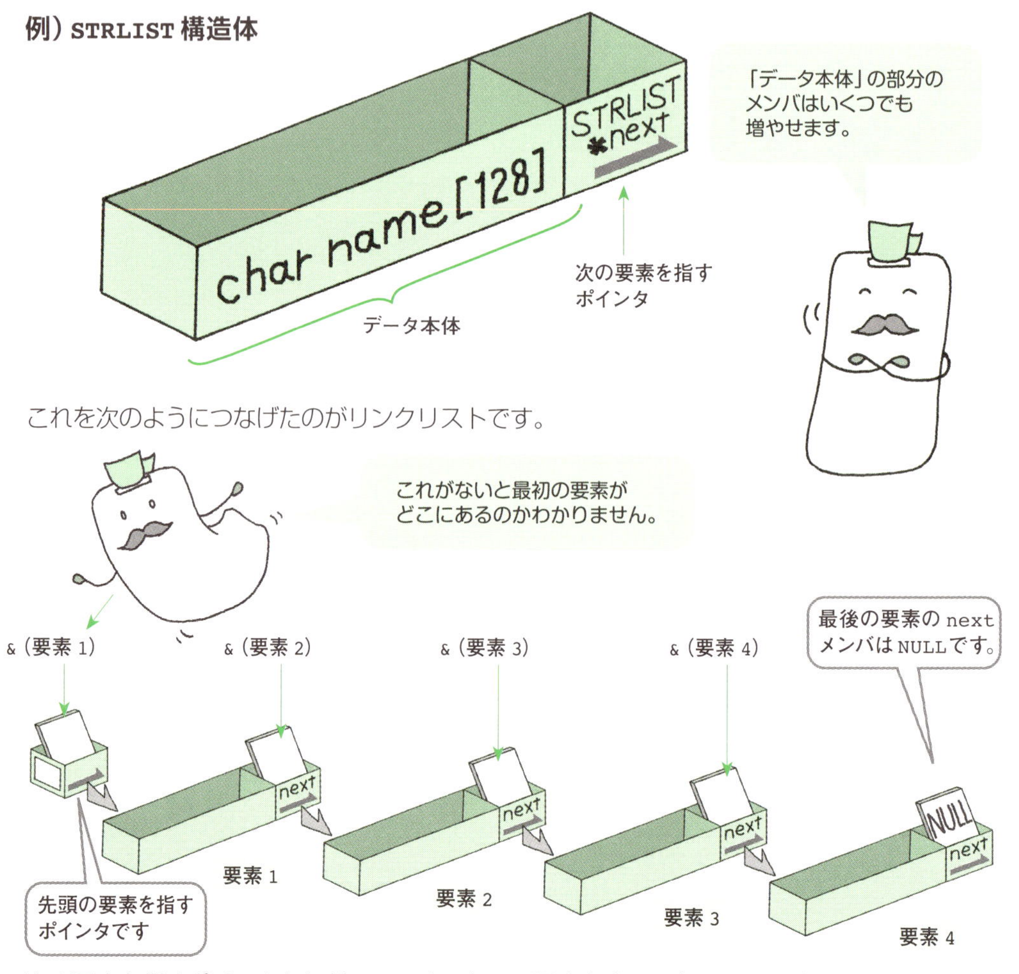


次の要素を指すポインタをたどっていくことで、要素をすべて参照できます。

## リンクリストの作り方

リンクリストは、次のような手順で作ります。要素を増やすには③の手順を繰り返します。

①構造体を用意します。たとえば、名前を入れることができる構造体の宣言は次のようになります。

```
typedef struct _STRLIST{
    char name[128];
    struct _STRLIST *next;
} STRLIST;
```

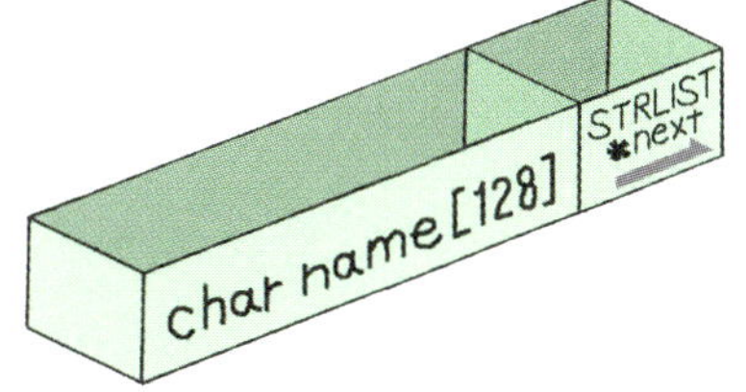


②最初の要素を作ります。malloc() 関数を使って新しく構造体のメモリを確保します。next メンバには NULL を代入します。

```
STRLIST *listtop = NULL;

listtop = (STRLIST *)malloc(sizeof(STRLIST));
strcpy(listtop->name, "Ichiro");
listtop->next = NULL;
```

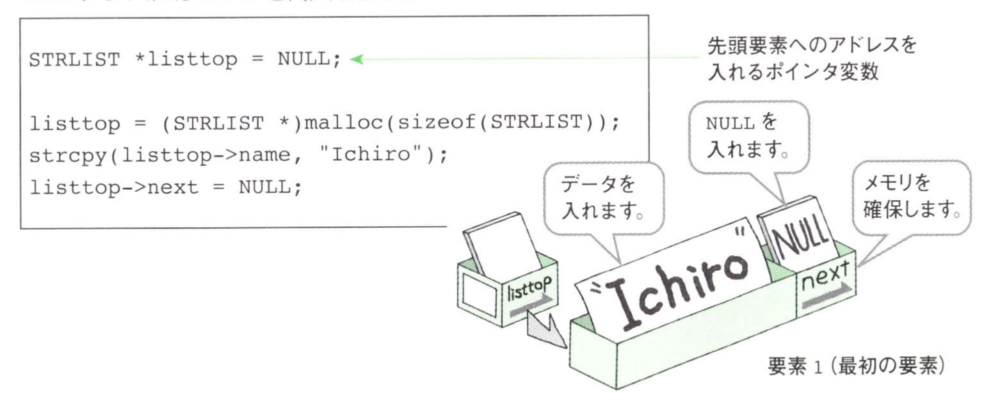


③同じように malloc() 関数で次の要素を作り、先ほど作った要素の next メンバにそのアドレスを代入します。

```
STRLIST *p = NULL;

p = (STRLIST *)malloc(sizeof(STRLIST));
strcpy(p->name, "Jiro");
p->next = NULL;
listtop->next = p;
```

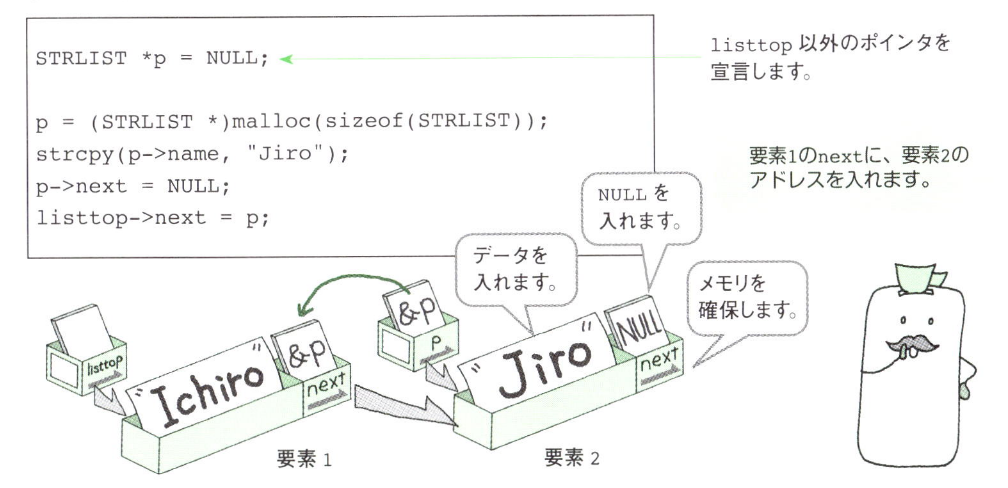

# リンクリスト(2)

リンクリストを活用する方法について見ていきます。

## 要素の挿入

次のようにして、要素を挿入できます。

```
STRLIST *p, *q;

q = listtop->next;
p = (STRLIST *)malloc(sizeof(STRLIST));
strcpy(p->name, "Saburo");
p->next = q;
listtop->next = p;
```

要素 2 のアドレスを q にとっておきます。

q
NULL
要素 1
要素 2

要素 1 の next に要素 3 のアドレスを入れます。

新しい要素の next に要素 2 のアドレスを入れます。

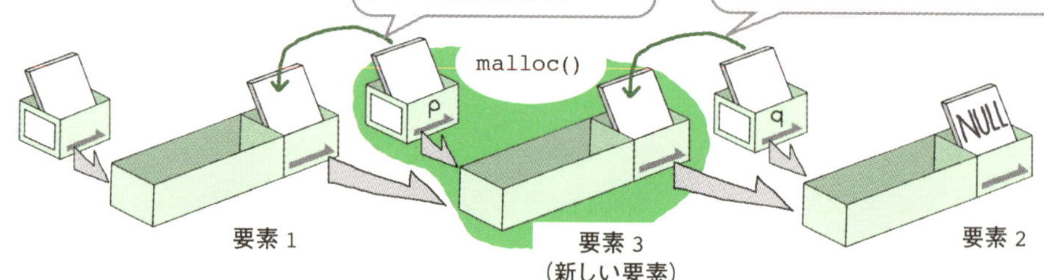

## 要素の削除

次のようにして、要素を削除できます。

```
STRLIST *p1, *p2;

p1 = listtop->next;
p2 = p1->next;
free(p1);
listtop->next = p2;
```

要素 2 の前後のポインタをとっておきます。

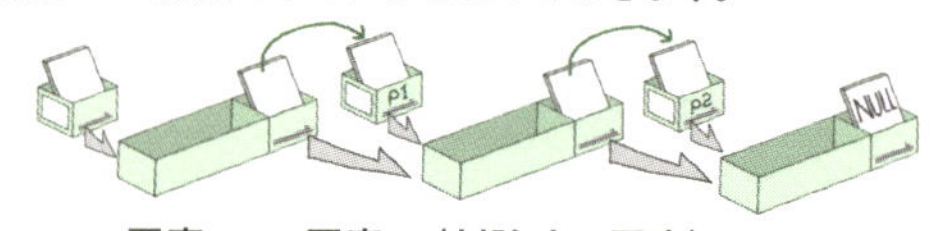


free()
p1
要素 2

要素 2 のアドレスが入っている p1 を使ってメモリを解放します。

要素 1 の next に要素 3 のアドレスを入れます。

p2
NULL
要素 1
要素 3

# 要素の表示

要素を１つずつたどって一覧を表示するには、次のようにします。

```
p = listtop;
while(p != NULL){          ← pがNULLになるまで処理を続けます。
    printf("%s¥n", p->name);   ← 要素のデータを表示します。
    p = p->next;           ← 次の要素に移ります。
}
```

次の要素へのポインタをｐに入れていきます。

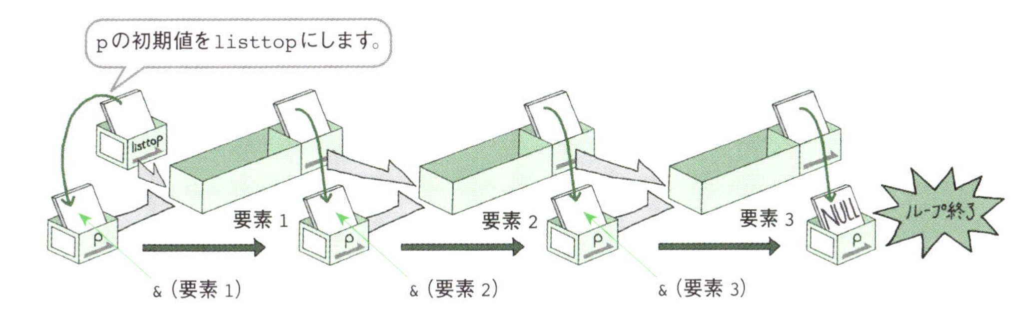


３番目の要素（要素 3）のメンバを表示するときは次のようにします。

```
p = listtop;
for(i = 1; i < 3; i++)   ┐ ← 3番目の要素までpを移動します。
    p = p->next;         ┘
printf("%d:%s¥n", i, p->name);
```

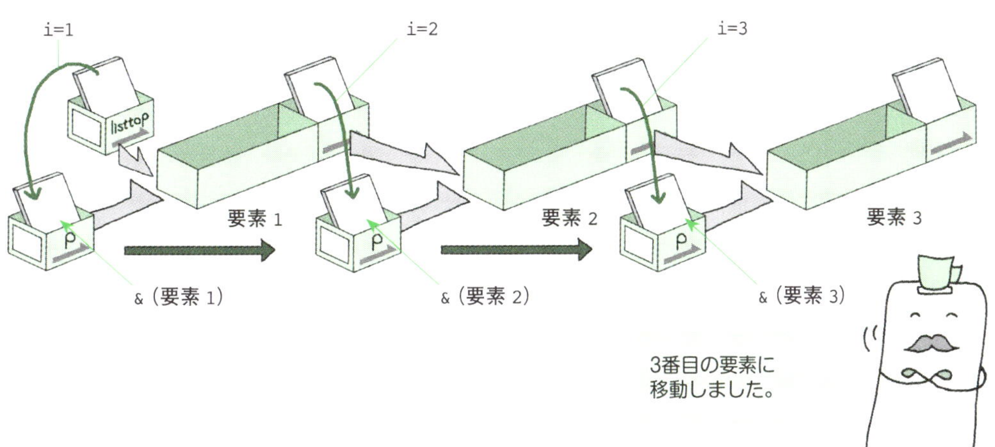

## ●素数を求める

ソースコード

```
#include <stdio.h>
#define PRIME_MAX 50   /* 素数の最大値 */

int main(int argc, char *argv[])
{
  char num[PRIME_MAX+1];
  int i, j;

  /* 配列の初期化 */
  for(i = 0; i <= PRIME_MAX; i++)
    num[i] = 0;

  /* 素数かどうか判定 */
  for(i = 2; i <= PRIME_MAX; i++){
    if(num[i] == 0){
      printf("%d ", i);
      for(j = 2*i; j <= PRIME_MAX; j += i)
        num[j] = 1;
    }
  }
  printf("¥n");

  return 0;
}
```

ここを変更すれば、10000までの素数も表示できます。

配列の要素すべてに0を格納します。

素数の倍数の配列に1を入れていきます。

実行結果

```
2 3 5 7 11 13 17 23 29 31 37 41 43 47
```

●素因数分解

ソースコード

```
#include <stdio.h>
#define PRIME_MAX 10000 ←── あらかじめ用意する素数の最大値

int main(int argc, char *argv[])
{
  char num[PRIME_MAX+1];
  int primelist[PRIME_MAX];
  int m, i, j, k;

  printf("素因数分解する数を入力してください。 ");
  scanf("%d", &m);

  /* 配列の初期化 */
  for(i = 0; i <= PRIME_MAX; i++)
    num[i] = 0;

  /* 素数を求める */
  k = 0;
  for(i = 2; i <= PRIME_MAX; i++){
    if(num[i] == 0){
      primelist[k] = i;
      k++;
      for(j = 2*i; j <= PRIME_MAX; j += i)
        num[j] = 1;
    }
  }

  i = 0;
  while(m != 1) {
    while(m % primelist[i] == 0) {
      printf("%d ", primelist[i]);
      m = m / primelist[i];
    }
    i++;
  }
  printf("¥n");

  return 0;
}
```

mまでの素数を求めて、小さい順に配列に格納していきます。

素因数を求めます。

実行結果

```
素因数分解する数を入力してください。 9999
3 3 11 101
```

※ 太字はキーボードから入力した文字

# サンプルプログラム

## ●最大公約数を求める

ソースコード

```
#include <stdio.h>
#include <stdlib.h>


int main(int argc, char *argv[])
{
  int a, b; /* 最大公約数を求める 2 つの自然数 */
  int r;    /* 余り */
  int c;

  printf("2 つの自然数の最大公約数を求めます。¥n");
  printf("a = ");
  scanf("%d", &a);
  printf("b = ");
  scanf("%d", &b);

  /* 0 以下が入力されたときの処理 */
  if(a <= 0 || b <= 0) {
    printf(" 自然数ではありません。¥n");
    exit(1);
  }

  printf("%d と %d の最大公約数は ", a, b);
  if(a < b) {
    c = a;
    a = b;
    b = c;
  }

  do {
    r = a % b;
    a = b;
    b = r;
  } while (r != 0);
  printf("%d です。¥n", a);

  return 0;
}
```

入力データの範囲をチェックします。

自然数以外が入力されたとき、プログラムを入力します。

a<b のときに a と b の値を入れ替えます。

最大公約数を求めます。

実行結果

```
2つの自然数の最大公約数を求めます。
 a = 512
 b = 384
512 と 384 の最大公約数は 128 です。
```

※ 太字はキーボードから入力した文字

## ●リンクリスト

### ソースコード

**宣言と main() 関数（コマンド受付部分）**

```
#include <stdio.h>
#include <malloc.h>
#include <string.h>

typedef struct _STRLIST {
    int  id;
    char name[128];
    struct _STRLIST *next;
} STRLIST;

void enterData(STRLIST *);
void listData(STRLIST *);
STRLIST *getData(STRLIST *, int);
STRLIST *getLastData(STRLIST *);
STRLIST *addData(STRLIST *, STRLIST *);
STRLIST *insertData(STRLIST *, int, STRLIST *);
STRLIST *deleteData(STRLIST *, int);
STRLIST *clearData(STRLIST *);

int main(int argc, char *argv[])
{
    STRLIST *listtop = NULL;
    STRLIST inputData;
    int index;
    char cmd[20] = "";

    STRLIST testdata[3] = {{1, "Ichiro"}, {2, "Jiro"}, {3, "Saburo"}};
    listtop = addData(listtop, testdata);
    listtop = addData(listtop, testdata+1);
    listtop = addData(listtop, testdata+2);

    printf("[Linked-List Test]¥n");
    printf("command = list/add/insert/delete/clear/quit¥n");
    while(strcmp(cmd, "quit") != 0){
       printf("command:");
       scanf("%s", cmd);

       if (strcmp(cmd, "list") == 0) {                    /* 一覧を表示 */
           listData(listtop);
       }
       else if(strcmp(cmd, "add") == 0) {                 /* データを追加 */
           enterData(&inputData);
           listtop = addData(listtop, &inputData);
       }
       else if(strcmp(cmd, "insert") == 0) {              /* データを挿入 */
           printf("何番目のデータのあとに挿入しますか：");
           scanf("%d", &index);
           enterData(&inputData);
           listtop = insertData(listtop, index, &inputData);
       }
       else if(strcmp(cmd,"delete") == 0) {               /* データを削除 */
           printf("何番目のデータを削除しますか：");
           scanf("%d", &index);
           listtop = deleteData(listtop, index);
       }
       else if(strcmp(cmd, "clear") == 0) {               /* データをすべて削除 */
           listtop = clearData(listtop);
       }
    }
    listtop = clearData(listtop);

    return 0;
}
```

テスト用に既定の要素を入れておきます。

quit が入力されるまで、コマンド処理を続けます。

ソースコード

**入力・参照の関数**

```
/* データを入力させる */
void enterData(STRLIST *p)
{
  printf("追加するデータを入力してください¥n");
  printf("id:");
  scanf("%d", &(p->id));
  printf("name:");
  scanf("%s", &(p->name));
}
```

新しいデータの入力を受け付けます。

```
/* 一覧を表示する */
void listData(STRLIST *p)
{
  int i = 1;
  printf("No.  data¥n---- ----¥n");
  while(p != NULL){
    printf("%04d id=%d name=%s¥n", i, p->id, p->name);
    p = p->next;
    i++;
  }
}
```

リストをたどって、一覧を表示します。

```
/* index番目の要素を取得する */
STRLIST *getData(STRLIST *p, int index)
{
  int i;
  if(index < 1)
    return NULL;
  for(i = 1; i < index; i++) {
    p = p->next;
    if(p == NULL && i < index)
      return NULL;
  }
  return p;
}
```

指定した番号の要素を表すポインタを返します。indexは基本的に1以上の数字を指定します。

```
/* 最後の要素を取得する */
STRLIST *getLastData(STRLIST *p)
{
  if(!p)
    return NULL;
  while(p->next != NULL)
    p = p->next;
  return p;
}
```

最後の要素までたどって、その要素のポインタを返します。NULLの手前でループを止めています。

## ソースコード

### 編集の関数

```
/* 要素を末尾に追加する */
STRLIST *addData(STRLIST *listtop, STRLIST *newdata)
{
  STRLIST *newitem, *p;
  p = getLastData(listtop);

  newitem = (STRLIST *)malloc(sizeof(STRLIST));
  newitem->id = newdata->id;
  strcpy(newitem->name, newdata->name);
  newitem->next = NULL;
  if(p == NULL)
    return newitem;
  p->next = newitem;
  return listtop;
}
```

getLastData() でとってきた、最後の要素へのポインタのあとにデータを追加します。データが1件もなかったときは、追加した要素のポインタを返します。

```
/* index 番目に要素を挿入する */
STRLIST *insertData(STRLIST *listtop, int index, STRLIST *newdata)
{
  STRLIST *p, *newitem;
  p = getData(listtop, index);

  newitem = (STRLIST *)malloc(sizeof(STRLIST));
  newitem->id = newdata->id;
  strcpy(newitem->name, newdata->name);
  if(p == NULL) {
    newitem->next = listtop;
    return newitem;
  }
  newitem->next = p->next;
  p->next = newitem;
  return listtop;
}
```

getData() でとってきた、指定位置の要素へのポインタのあとにデータを挿入します。index が 0 のときは先頭に挿入し、挿入した要素のポインタを返します。

```
/* index 番目の要素を削除する */
STRLIST *deleteData(STRLIST *listtop, int index)
{
  STRLIST *previtem, *delitem, *nextitem;
  if(index < 1 || listtop == NULL)
    return listtop;
  if(index == 1) {
    delitem = getData(listtop, index);
    nextitem = delitem->next;
    free(delitem);
    return nextitem;
  }
  previtem = getData(listtop, index-1);
  delitem = previtem->next;
  nextitem = delitem->next;
  free(delitem);
  previtem->next = nextitem;
  return listtop;
}
```

getData() で1つ前の要素を取得し、その次の要素を削除指定します。ただし、index が 1（最初の要素）のときは、特別な処理にします。

```
/* すべての要素を削除する */
STRLIST *clearData(STRLIST *p)
{
  while(p)
    p = deleteData(p, 1);
  return p;
}
```

データがなくなるまで、先頭のデータを削除していきます。

実行結果

一覧表示

```
[Linked-List Test]
command = list/add/insert/delete/clear/quit
command:list
No.  data
---- ----
0001 id=1 name=Ichiro
0002 id=2 name=Jiro
0003 id=3 name=Saburo
command:
```

追加

```
command:add
追加するデータを入力してください
id:4
name:Shiro
command:list
No.  data
---- ----
0001 id=1 name=Ichiro
0002 id=2 name=Jiro
0003 id=3 name=Saburo
0004 id=4 name=Shiro
command:
```

※ 太字はキーボードから入力した文字

挿入

```
command:insert
何番目のデータのあとに挿入しますか：2
追加するデータを入力してください
id:5
name:Goro
command:list
No.  data
---- ----
0001 id=1 name=Ichiro
0002 id=2 name=Jiro
0003 id=5 name=Goro
0004 id=3 name=Saburo
0005 id=4 name=Shiro
command:
```

削除

```
command:delete
何番目のデータを削除しますか：2
command:list
No.  data
---- ----
0001 id=1 name=Ichiro
0002 id=5 name=Goro
0003 id=3 name=Saburo
0004 id=4 name=Shiro
command:
```

全削除

```
command:clear
command:list
No.  data
---- ----
command:
```

終了するには Ctrl+C を押します。

# COLUMN

## ～アルゴリズムの工夫～

ある問題を解くとき、考えられるアルゴリズムはひとつではないことは、前述しました。速くてメモリ消費量が少ないのが一番ですが、メモリ消費量が大きくても速さのほうが優先されることもありますし、その逆もあります。

たとえば、複雑な計算を行うプログラムで同じ計算をすることが多い場合は、前もってその計算結果を配列などに入れておき、2回目以降はそこから取り出すという方法も考えられます。このようなしくみ（キャッシュ）は最近ではCPUからOSまであらゆる場面で使われています。そのため、ケースによっては逐一計算したほうが速くなるかもしれません。

また、アルゴリズムをちょっと見直すことで、格段に速く結果が得られることがあります。たとえば、0からnまでの偶数の和を求めるコードをあなたならどのように書きますか。

```
s = 0
for(i = 0; i < =n; i++)
    if(i%2 == 0)
        s += i;
printf("%d¥n", s);
```

まず、上記のようなコードは、iが奇数のときは空回りしてしまいますので、ちょっと無駄が多いです。これなら、iを2ずつ増やして、次のように書くほうが、if文の分岐もなくなり速く実行できるでしょう。

```
s = 0
for(i = 0; i <= n; i += 2)
    s += i;
printf("%d¥n", s);
```

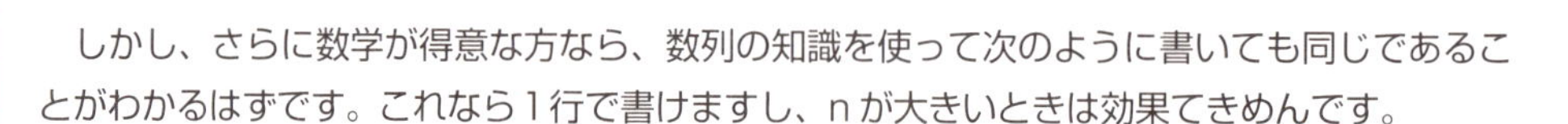

しかし、さらに数学が得意な方なら、数列の知識を使って次のように書いても同じであることがわかるはずです。これなら1行で書けますし、nが大きいときは効果てきめんです。

```
printf("%d¥n", (1 + n/2) * n/2);
```

コンピュータは、いわれたことを忠実に実行する機械に過ぎません。数学のように論理を推し進めて効率の良いアルゴリズムを考え出すことはコンピュータは苦手ですので、人間が指示してやる必要があります。そういう意味では、人間の頭脳に勝るものはありません。

# 8

# ソートとサーチ

## アルゴリズムの二大柱

この章では、配列の中の要素を整列（並べ替え、ソート）したり、配列の中からデータを見つけたり（探索、サーチ）するアルゴリズムについて解説します。

並べ替えや探索は実にいろいろな場面で使われます。たとえば、顧客名簿を名前順や取引額順に並べたいときなどが考えられますね。他にも、ある条件のデータを探してデータを集計したりするときにも使えそうです。このように重要な処理だけに、過去にいろいろな方法が考え出されてきました。

ここで紹介する整列アルゴリズムのほとんどは、数学者などが練りに練って速さを追求してきたものなので、いきなり効率の良いプログラムを考えるのは難しいと思います。ただ、最も処理の速いとされるクイックソートという方法でも、速くならないケースもあるなど、どんなときでも高速なソートは今のところありません。それぞれの特徴を理解したうえで、最も適切な方法を採用するのがよいでしょう。

この章の最後に紹介するのは、探索アルゴリズムです。探索アルゴリズムとして最も簡単なものは、第３章の「配列から値を見つける」で紹介した「ひとつずつ要素を確認していく」方法です。これを、線形（せんけい）（または逐次（ちくじ））探索といいます。

また、この章で紹介する二分（にぶん）探索は、線形探索よりもさらに効率的に処理できるように改良されたもので、探索範囲があっという間に半分になり、４分の１になり、８分の１になり･･･というように、２分の１ずつ減っていくので痛快です。

人間にとっては何でもない２、３個のデータの並べ替えも、私たちにはできないような膨大な量の並べ替えも、コンピュータにとっては同じ処理です。こう考えると、少し複雑な気がします。

この章で紹介したアルゴリズムのプログラムの完成形は、章末のサンプルプログラムで紹介しています。途中経過を見てどのように動くのか確認してみましょう。

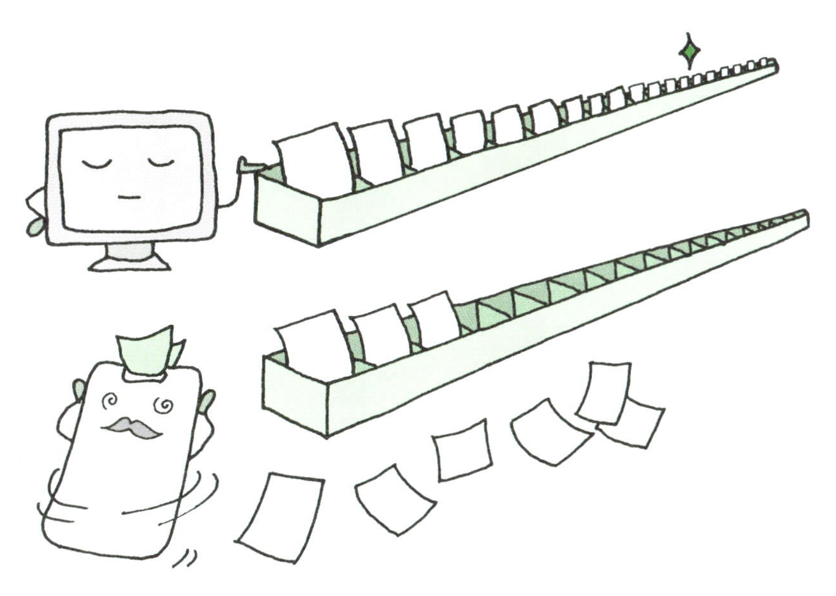

# 単純な並べ替え

一番単純な並べ替えである、「交換法」という方法を見ていきましょう。

## 並べ替えの手順

一番単純な並べ替えは、次のような方法です。

> 基準となる要素を設定し、それより右の要素と比較して順序が異なっていれば入れ替える。

例として、右図のような配列 a[ ] の数字を大きい順（降順）に並べ替えてみましょう。

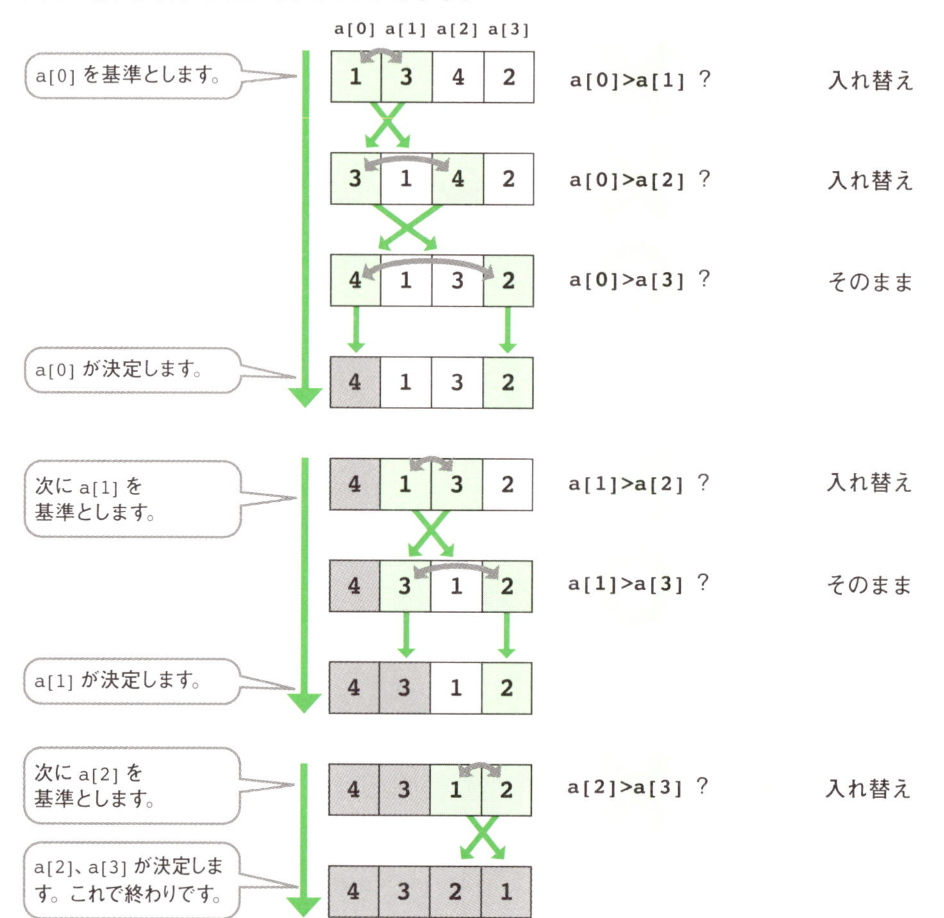

# プログラムにする

このプログラムを作る前に、フローチャートを考えてみます。ただし、要素数をn（左ページの例ではn=4）とします。
基準の要素a[0]と、他の要素（a[1]～a[3]）との比較の流れは次のようになります。

i = 1～n-1
（1ずつ増える）
a[0] < a[i]?
NO
YES
入れ替え処理

a[0]がa[i]より小さかったときに、2つの数を入れ替えます。

小さい順(昇順)にするときは、「>」にします。

さらに、基準となる要素をa[0]～[2]まで変化させるには、次のようにします。

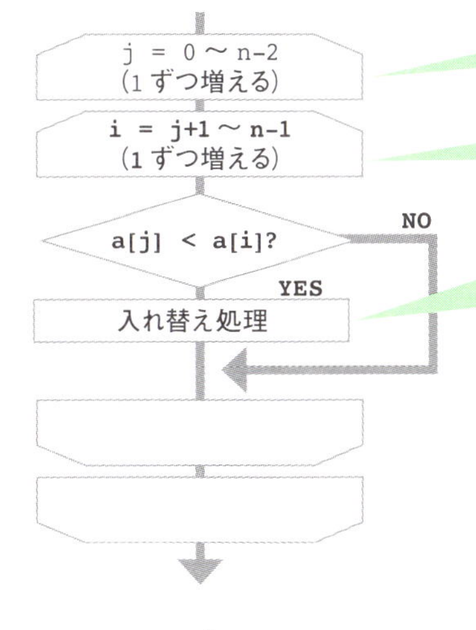


jは基準となる要素の番号です。

iは比較する要素の番号です。

a[j]がa[i]より小さかったときに入れ替えます。

これをプログラムにすると、次のようになります。

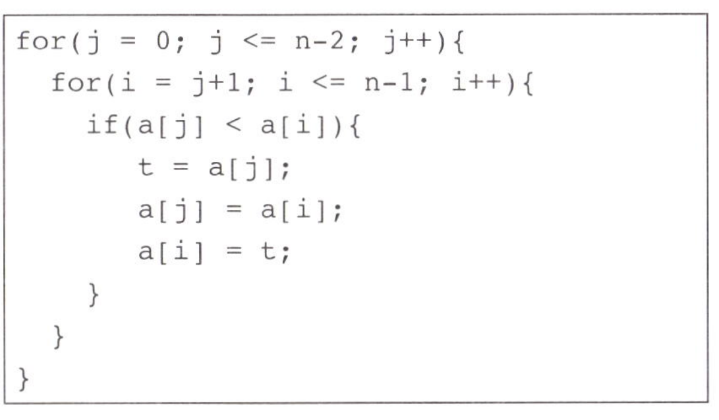

```
for(j = 0; j <= n-2; j++){
  for(i = j+1; i <= n-1; i++){
    if(a[j] < a[i]){
      t = a[j];
      a[j] = a[i];
      a[i] = t;
    }
  }
}
```

iとjの値の変化に注目しましょう。

# バブルソート

並べ替えアルゴリズムの基本的な考え方のひとつ、
バブルソートを紹介します。

## バブルソートの特徴

バブルソートを簡単に述べると、次のような方法になります。

「隣り合う要素を比較して、右のほうが小さければ両者を入れ替える」
という作業を左から順に行い、大きい数を右側に寄せていく。

（小さい順（昇順）に並べる場合）

例として、右図のような配列をバブルソートしてみましょう。

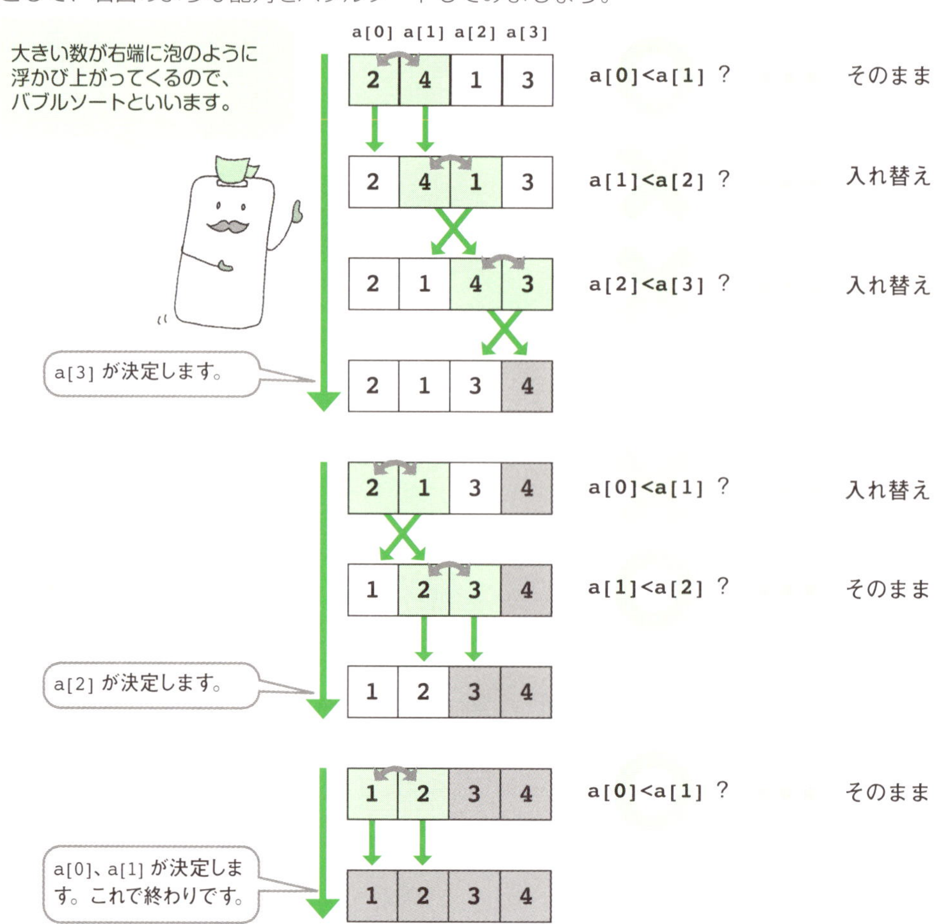

## プログラムにする

フローチャートにしてみましょう。要素数を n（左ページの例では n=4）とします。
a[i] と a[i+1]、具体的には a[0] と a[1]、a[1] と a[2]… というように後ろに向かって比較していき、もし a[i+1] のほうが小さければ入れ替えます。

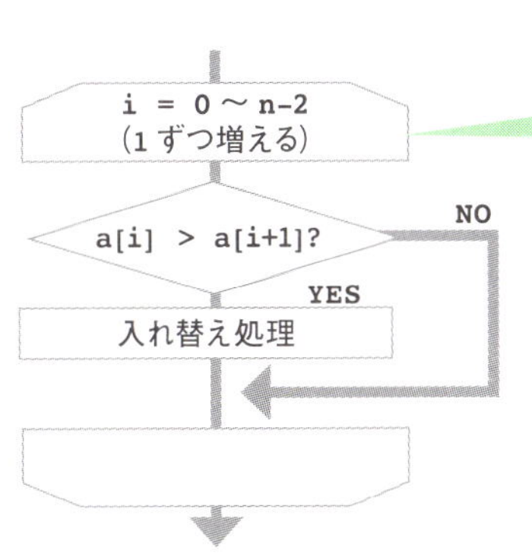


比較するのは i と i+1 のところなので、
i は n-2 までとなります。

決定した要素に対しては処理をしないように、終わりの要素番号 j を決めます。

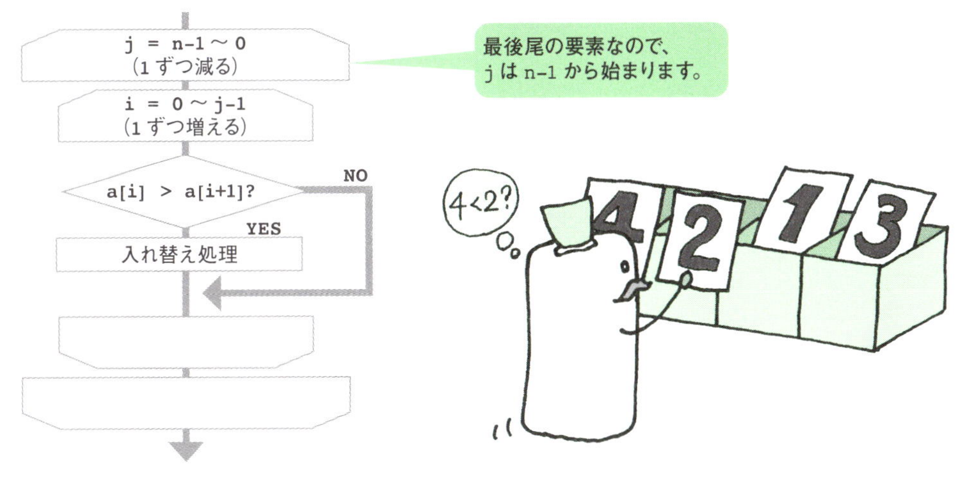


これをプログラムにすると、次のようになります。

```
for(j = n-1; j >= 0; j--) {
  for(i = 0; i < j; i++) {
    if(a[i] > a[i+1]) {
      t = a[i+1];
      a[i+1] = a[i];
      a[i] = t;
    }
  }
}
```

# 挿入ソート

**並べ替えアルゴリズムの基本的な考え方のひとつ、**
**挿入ソートを紹介します。**

## 挿入による並べ替え

次の例のようにカードを取っていき、正しい位置に挿入しながら、小さい順に並べ替えていくことを考えます。

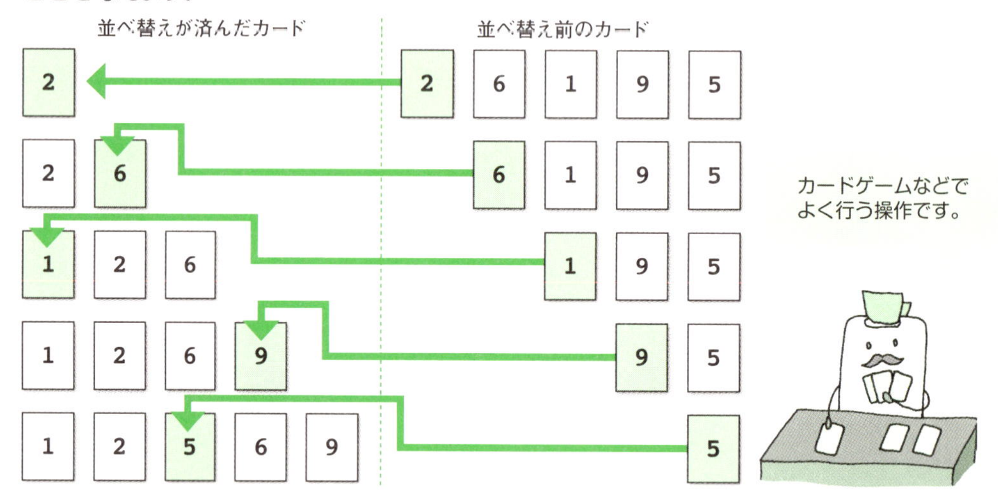


この方法では、どこにカードを挿入するべきかを判断する必要があります。5 を挿入する場合を例にして、もう少し細かく見ていきます。

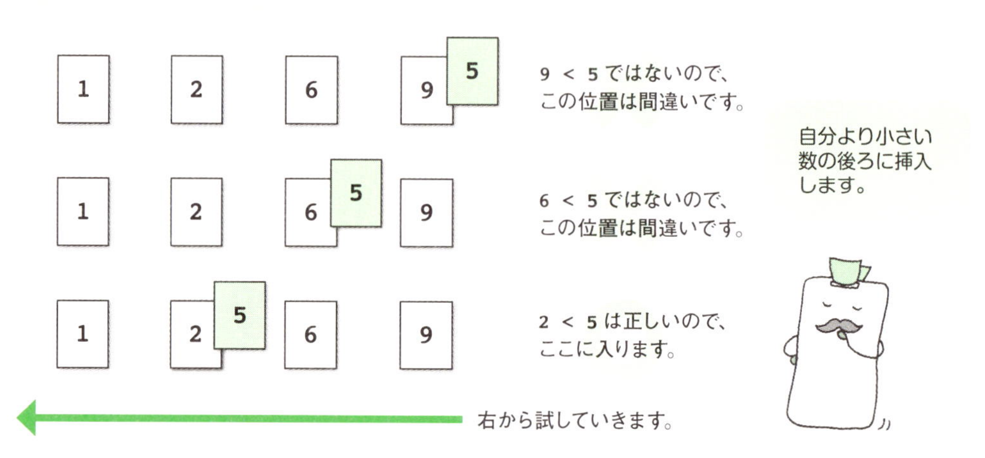

## プログラムにする

これをフローチャートにすると、次のようになります。データの入った配列をa[]とし、要素数をnとします。

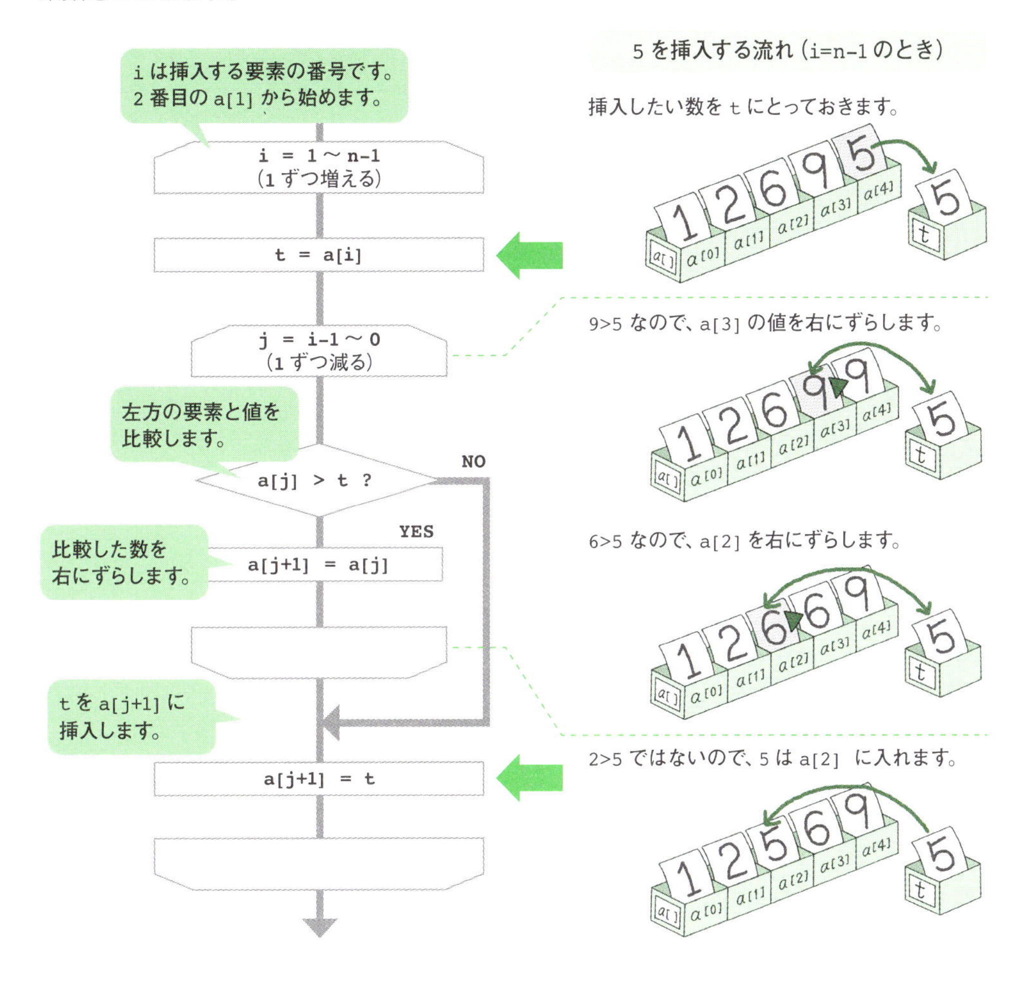


上記のフローチャートをプログラムに記述すると、次のようになります。

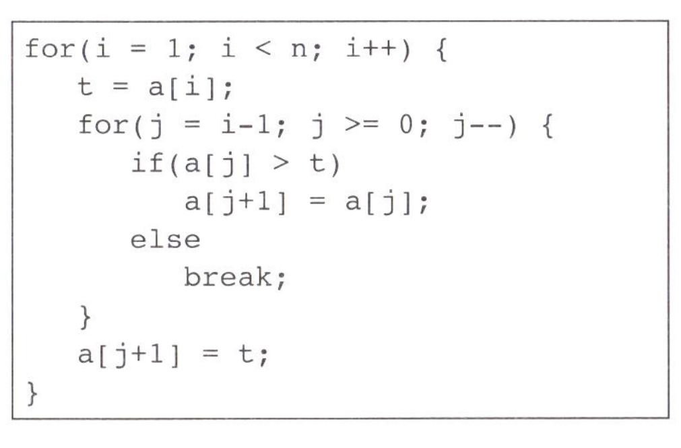

```
for(i = 1; i < n; i++) {
    t = a[i];
    for(j = i-1; j >= 0; j--) {
        if(a[j] > t)
            a[j+1] = a[j];
        else
            break;
    }
    a[j+1] = t;
}
```

# シェルソート

**挿入ソートには「並びが少し違う程度なら速いが、まったくバラバラだと遅くなる」という弱点があります。**

## シェルソートの特徴

とびとびに選んだ要素に対して、挿入ソートの手法を適用することで、通常の挿入ソートより処理速度を向上させたのが、シェルソートです。例を見てみましょう。

①おおまかに分割できる数を決め、その数おきの要素で並べ替えます（例は 13 個おきの場合）。

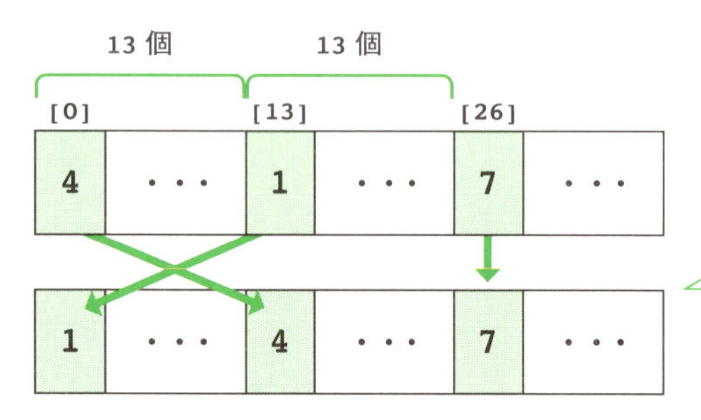


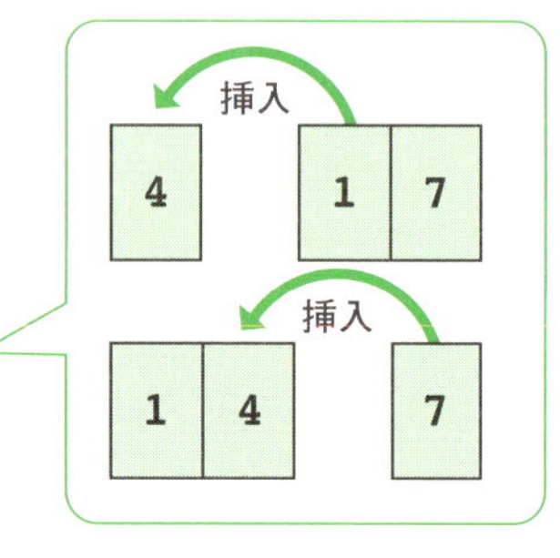

②もう少し細かく分けられる数字を決め、同様に並べ替えます（例は４個おきの場合）。

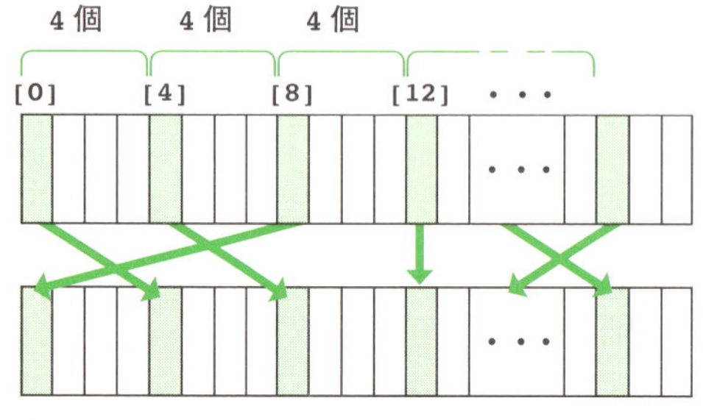


要素が多いときは、最初の間隔を大きくとるのがポイントです。

③分け方を細かくしていき、最後はひとつずつ並べ替えます（通常の挿入ソートになります）。

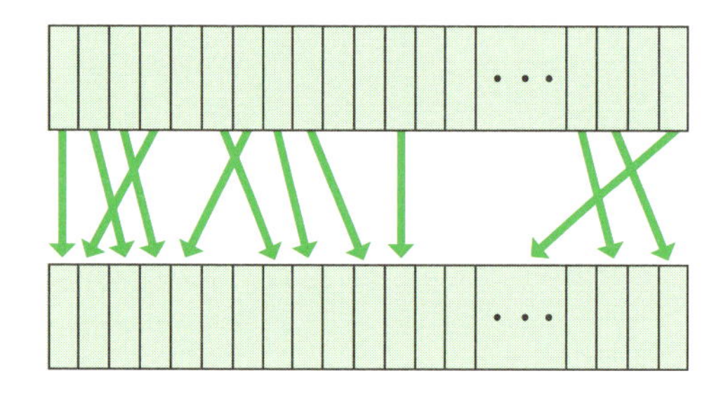

## プログラムにする

これをフローチャートにすると、次のようになります。データの入った配列を a[ ]、要素数を n、何個おきに比較するかを h とします。

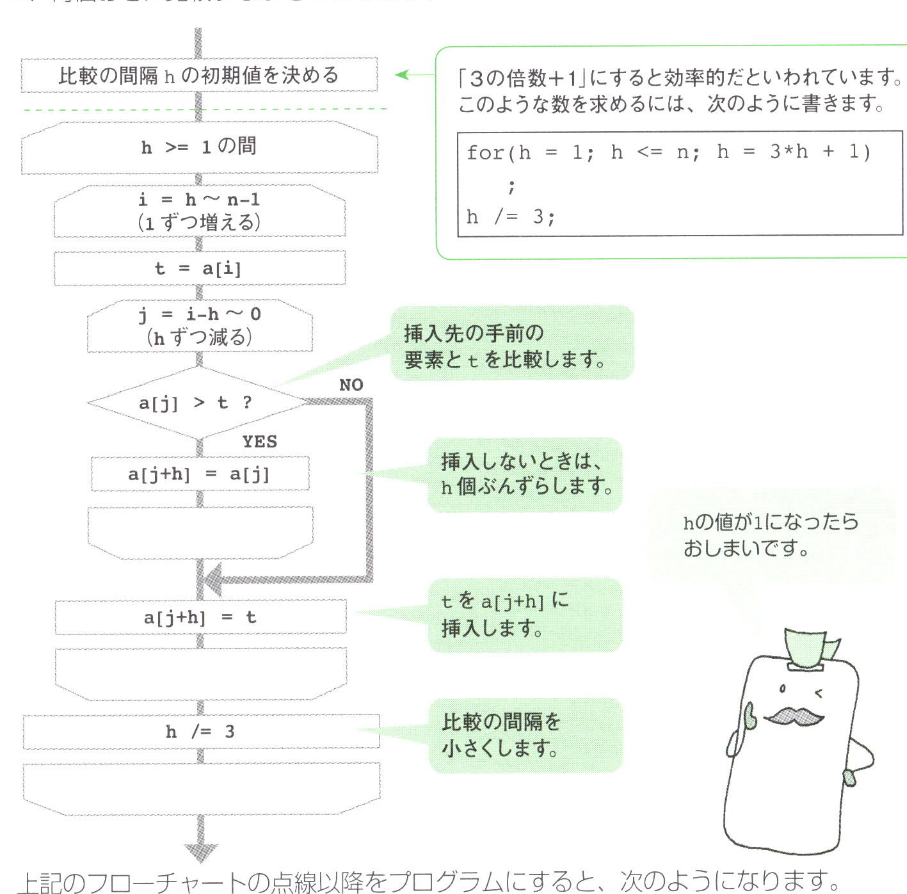


上記のフローチャートの点線以降をプログラムにすると、次のようになります。

```
while(h >= 1) {
   for (i = h; i < n; i++){
      t = a[i];
      for(j = i-h; j >= 0; j -= h){
         if(a[j] > t)
            a[j+h] = a[j];
         else
            break;
      }
      a[j+h] = t;
   }
   h /= 3;
}
```

# クイックソート

**ほとんどのケースで処理が一番速いといわれる並べ替えアルゴリズム、クイックソートを紹介します。**

## クイックソートの特徴

クイックソートとは次のような方法です。

> 基準値を決めて、それより大きい数と小さい数のグループに分ける。
> そして、それらのグループに対しても同じことを繰り返していく。

実際の処理の動きを見ていきましょう。

①基準値を決めます。たとえば、最初の要素と最後の要素の平均にします。

| [0] | [1] | [2] | [3] | [4] | [5] | [6] | [7] | [8] |
|---|---|---|---|---|---|---|---|---|
| 4 | 8 | 6 | 5 | 2 | 1 | 3 | 9 | 7 |

基準値

5

②前方から基準値より大きな数を、後方から基準より小さな数を探します。見つかったら入れ替えます。

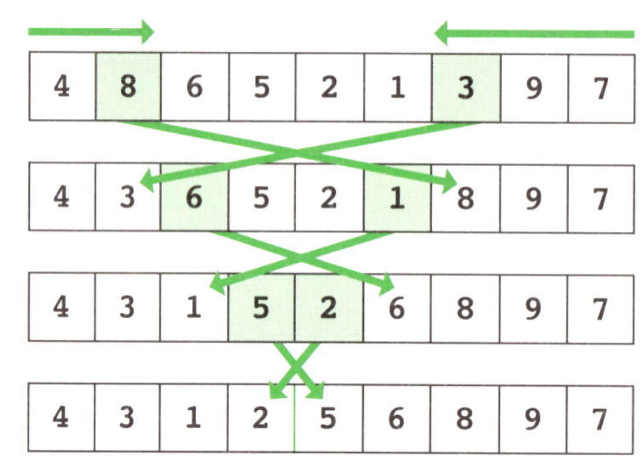


ぶつかるまで続けます。

③得られた列はぶつかったところを境に、基準値より小さいグループと大きいグループに分かれています。そして、これらのグループそれぞれに同じ手順を繰り返していきます。

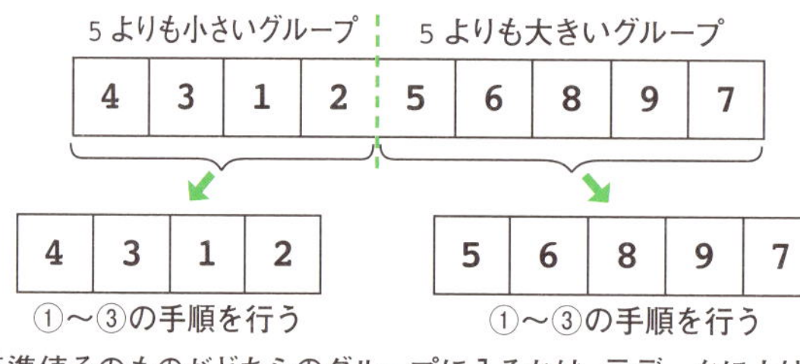


※ 基準値そのものがどちらのグループに入るかは、元データによります。

すべてのグループで入れ替えが済んだらおしまいです。

## プログラムにする

ここでは、分割したグループに対して同じ手法を使っていきます。このようなときは、左ページの①、②の処理を関数にして、再帰的に呼び出します。

この関数の中身は次のようなフローチャートになります。

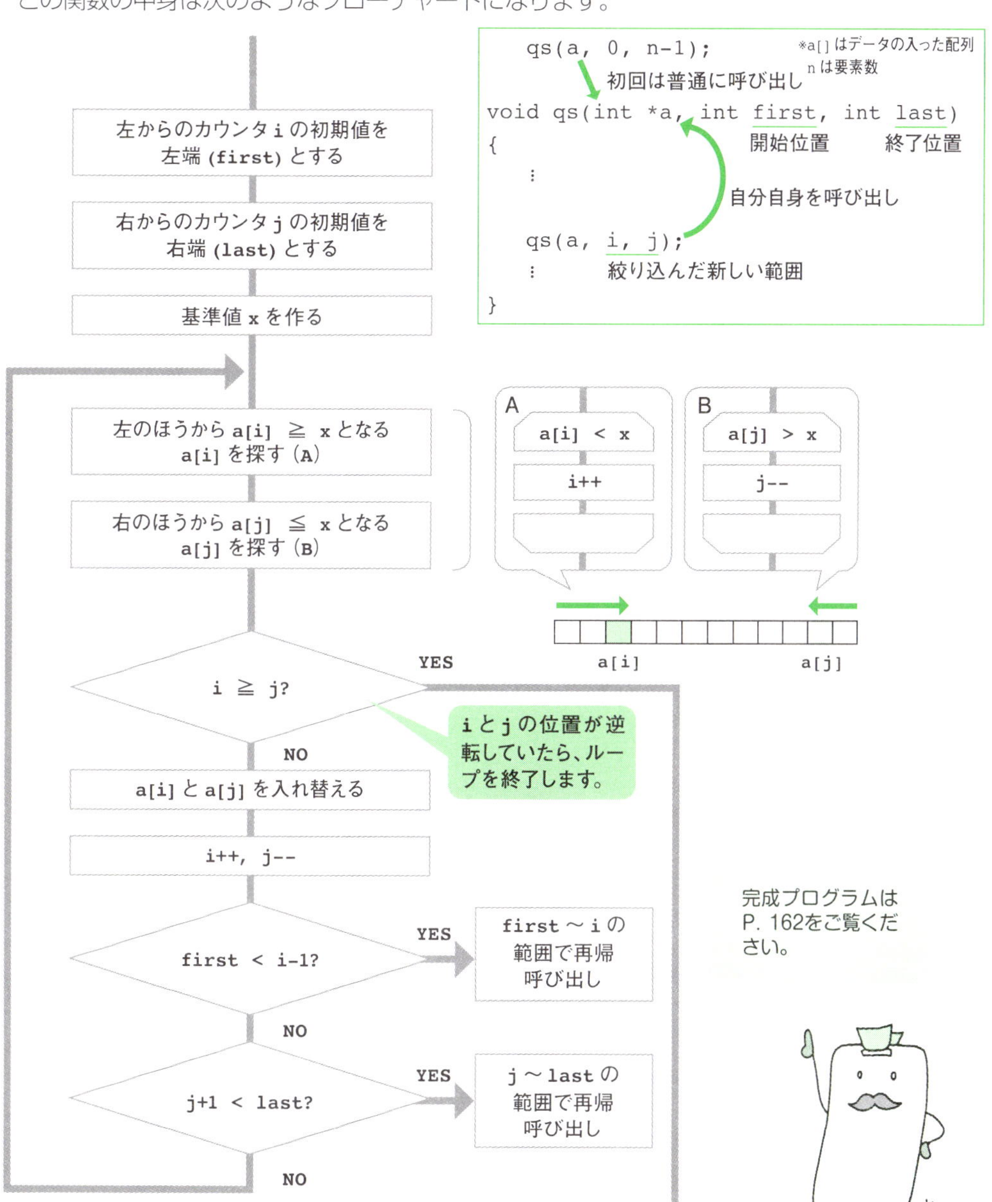


完成プログラムはP. 162をご覧ください。

# 二分探索

**整列されているデータを探索するアルゴリズム、二分探索を紹介します。**

## 二分探索の特徴

二分探索とは、整列されているデータを左右2つに分け、目的の値の探索範囲を絞り込んでいく方法です。方法を見ていきましょう。

①配列の中央の要素（ここでは偶数個の場合は左側を採用）と見つけたい数とを比較します。

「見つけたい値<中央の要素」　→　後半を探索範囲から除きます。

「見つけたい値>中央の要素」　→　前半を探索範囲から除きます。

「見つけたい値=中央の要素」　→　探索を終了します。

中央の要素番号を求めるには、両端の要素番号の平均をとります。

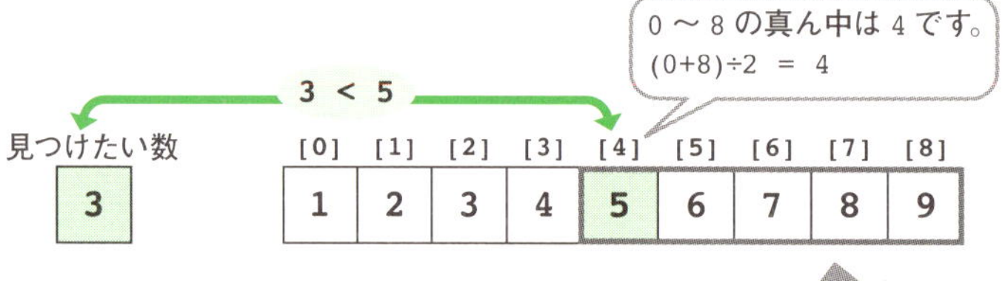

②狭くなった範囲で同じ手順を繰り返します。値が1つになったら終了です。

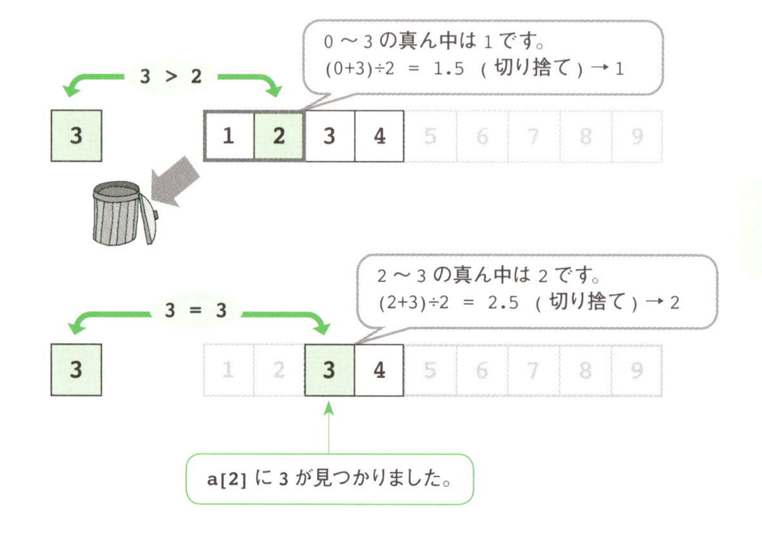


ひとつずつ見ていくよりも速そうです。

# プログラムの記述

この操作をフローチャートにすると、次のようになります。データの入った配列を a[ ]、要素数を n とします。

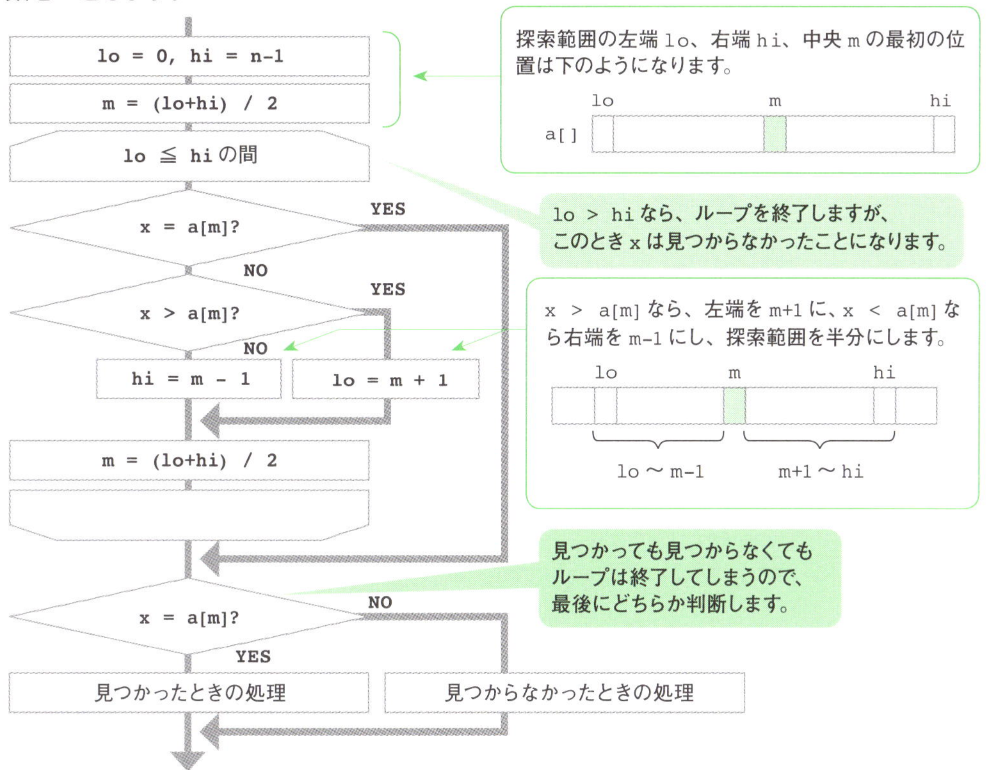


これをプログラムにすると次のようになります。

```
lo = 0;
hi = n-1;
m  = (lo+hi) / 2;
while(lo <= hi){
    if(a[m] == x)
        break;
    else if(a[m] < x)
        lo = m+1;
    else
        hi = m-1;
    m = (lo+hi) / 2;
}
if(a[m] == x)
  printf("%d は a[%d] にあります。¥n", x, m);
else
  printf("%d はありません。¥n", x);
```

### ●単純な並べ替え

配列 a[ ] の要素を大きい順に並べ替えます。値の入れ替え処理はあとからも出てくるので、swap() という関数にしてあります。

**ソースコード**

```
#include <stdio.h>

void swap(int *, int *);
void printData(int *);

int main(int argc, char *argv[])
{
    int a[] = {2, 4, 3, 5};
    int n = 4;
    int i, j;

    printData(a);

    for(j = 0; j <= n-2; j++) {
        for(i = j+1; i <= n-1; i++) {
            if(a[j] < a[i]) {
                swap(a+i, a+j);
                printf("[%d] と [%d] を入れ替え ¥n", i, j);
                printData(a);
            }
        }
    }
    return 0;
}

void swap(int *y, int *z)
{
    int t;
    t = *y;
    *y = *z;
    *z = t;
}

void printData(int *a)
{
    int i;
    for(i = 0; i < 4; i++)
        printf("%2d ", a[i]);
    printf("¥n");
}
```

小さい順にするときは、不等号を「>」に変えます。（`if(a[j] < a[i])` の行）

n と同じ値にします。（`for(i = 0; i < 4; i++)` の 4）

**実行結果**

```
 2  4  3  5
[1] と [0] を入れ替え
 4  2  3  5
[3] と [0] を入れ替え
 5  2  3  4
[2] と [1] を入れ替え
 5  3  2  4
[3] と [1] を入れ替え
 5  4  2  3
[3] と [2] を入れ替え
 5  4  3  2
```

## ●バブルソート

配列 a[ ] の要素を小さい順に並べ替えます。

**ソースコード**

```
#include <stdio.h>

void swap (int *, int *);
void printData(int *);

int main(int argc, char *argv[])
{
   int a[] = {2, 4, 1, 3};
   int n = 4;
   int i, j;

   printData(a);

   for(j = n-1; j >= 0; j--) {
      for(i = 0; i < j; i++) {
         if(a[i] > a[i+1]) {
            swap(a+i, a+i+1);
            printf("[%d] と [%d] を入れ替え ¥n", i, i+1);
            printData(a);
         }
      }
   }
   return 0;
}

void swap(int *y, int *z)
{
   int t;
   t = *y;
   *y = *z;
   *z = t;
}

void printData(int *a)
{
   int i;
   for(i = 0; i <= 3; i++)
      printf("%2d ", a[i]);
   printf("¥n");
}
```

大きい順にするときは、不等号を「<」に変えます。

**実行結果**

```
 2  4  1  3
[1] と [2] を入れ替え
 2  1  4  3
[2] と [3] を入れ替え
 2  1  3  4
[0] と [1] を入れ替え
 1  2  3  4
```

# サンプルプログラム

### ●挿入ソート

配列 a[] の要素を小さい順に並べ替えます。

ソースコード

```
#include <stdio.h>

void printData(int *);

int main(int argc, char *argv[])
{
    int a[] = {9, 6, 5, 1, 2};
    int n = 5;
    int i, j, t;

    printData(a);
    for(i = 1; i < n; i++) {
        t = a[i];
        for(j = i-1; j >= 0; j--) {
            if(a[j] > t)
                a[j+1] = a[j];
            else
                break;
        }
        a[j+1] = t;
        if(j+1 != i) {
            printf("[%d] の位置に [%d] を挿入 ¥n", j+1, i);
            printData(a);
        }
    }
    return 0;
}

void printData(int *a)
{
    int i;
    for(i = 0; i < 5; i++)
        printf("%2d ", a[i]);
    printf("¥n");
}
```

大きい順にするときは、不等号を「<」に変えます。

実行結果

```
 9  6  5  1  2
[0] の位置に [1] を挿入
 6  9  5  1  2
[0] の位置に [2] を挿入
 5  6  9  1  2
[0] の位置に [3] を挿入
 1  5  6  9  2
[1] の位置に [4] を挿入
 1  2  5  6  9
```

## ●シェルソート

配列a[]の要素を小さい順に並べ替えます。

ソースコード

```
#include <stdio.h>

void printData(int *);

int main(int argc, char *argv[])
{
    int a[] = {9, 6, 5, 1, 2};
    int n = 5;
    int i, j, t, h;

    printData(a);

    for(h = 1; h <= n; h = 3*h + 1)
        ;
    h /= 3;

    while(h >= 1) {
        for(i = h; i < n; i++) {
            t = a[i];
            for(j = i-h; j >= 0; j -= h) {
                if(a[j] > t)
                    a[j+h] = a[j];
                else
                    break;
            }
            a[j+h] = t;
            if(j+h != i) {
                printf("[%d]の位置に[%d]を挿入¥n", j+h, i);
                printData(a);
            }
        }
        h /= 3;
    }
    return 0;
}

void printData(int *a)
{
    int i;
    for(i = 0; i < 5; i++)
        printf("%2d ", a[i]);
    printf("¥n");
}
```

大きい順にするときは、不等号を「<」に変えます。

実行結果

```
 9  6  5  1  2
[0]の位置に[4]を挿入
 2  6  5  1  9
[1]の位置に[2]を挿入
 2  5  6  1  9
[0]の位置に[3]を挿入
 1  2  5  6  9
```

# サンプルプログラム

## ●クイックソート

配列 a[ ] の要素を小さい順に並べ替えるプログラムです。

ソースコード

```
#include <stdio.h>

void qs(int *, int, int);
void swap (int *, int *);
void printData(int *);

int main(int argc, char *argv[])
{
   int a[] = {4, 8, 6, 5, 2, 1, 3, 9, 7};
   printData(a);
   qs(a, 0, 8);  ← クイックソートを行う関数を呼び出します。
   return 0;
}

void qs(int *a, int first, int last)
{
   int i, j, x;

   i = first;
   j = last;
   x = (a[i]+a[j]) / 2;
   while(1) {
      while(a[i] < x)
         i++;
      while(a[j] > x)
         j--;
      ← 2つの不等号を逆向きにすると、大きい順に並べ替えます。
      if(i >= j)
         break;
      swap(a+i, a+j);
      printf("範囲：%d-%d 基準値：%d [%d]と[%d]を入れ替え¥n",
         first, last, x, i, j);
      printData(a);
      i++;
      j--;
   }
   if(first < i-1)
      qs(a, first, i-1);
   if(j+1 < last)
      qs(a, j+1, last);
}

void swap(int *y, int *z)
{
   int t;
   t = *y;
   *y = *z;
   *z = t;
}

void printData(int *a)
{
   int i;
   for(i = 0; i < 9; i++)
      printf("%2d ", a[i]);
   printf("¥n");
}
```

実行結果

```
 4  8  6  5  2  1  3  9  7
範囲：0-8 基準値：5 [1]と[6]を入れ替え
 4  3  6  5  2  1  8  9  7
範囲：0-8 基準値：5 [2]と[5]を入れ替え
 4  3  1  5  2  6  8  9  7
範囲：0-8 基準値：5 [3]と[4]を入れ替え
 4  3  1  2  5  6  8  9  7
範囲：0-3 基準値：3 [0]と[3]を入れ替え
 2  3  1  4  5  6  8  9  7
範囲：0-3 基準値：3 [1]と[2]を入れ替え
 2  1  3  4  5  6  8  9  7
範囲：0-1 基準値：1 [0]と[1]を入れ替え
 1  2  3  4  5  6  8  9  7
範囲：6-8 基準値：7 [6]と[8]を入れ替え
 1  2  3  4  5  6  7  9  8
範囲：7-8 基準値：8 [7]と[8]を入れ替え
 1  2  3  4  5  6  7  8  9
```

●二分探索

あらかじめ並べ替えられているデータから値を探索するプログラムです。なお、このプログラムは同じ数が複数ある場合には対応していません。

ソースコード

```
#include <stdio.h>

int main(int argc, char *argv[])
{
   int a[] = {1, 4, 13, 44, 52, 55, 67, 88, 93};
   int n = 9;
   int i, x, lo, hi, m;

   printf("a[] = {");
   for(i = 0; i < 9; i++)
      printf("%2d ", a[i]);
   printf("}¥n");
   printf("探したいデータを入力してください:");
   scanf("%d", &x);

   lo = 0;
   hi = n-1;
   m  = (lo+hi) / 2;
   while(lo <= hi){
      if(a[m] == x)
         break;
      else if(a[m] < x)
         lo = m+1;
      else
         hi = m-1;
      m = (lo+hi) / 2;
   }
   if(a[m] == x)
      printf("%dはa[%d]にあります。¥n", x, m);
   else
      printf("%dはありません。¥n", x);
   return 0;
}
```

昇順にソートされていることが条件です。

二分探索を行います。

最終判断して結果を表示します。

実行結果

```
a[] = { 1 4 13 44 52 55 67 88 93 }
探したいデータを入力してください:52
52はa[4]にあります。
```

※太字はキーボードから入力した文字。

1 C言語の基礎 2 基本的な制御 3 制御の活用 4 関数の利用 5 問題への取り組み方 6 実践的プログラミング 7 高度なアルゴリズム 8 ソートとサーチ 9 付録

COLUMN

## ～qsort( ) と bsearch( ) ～

第８章で取り上げたクイックソートと二分探索は、C言語の標準ライブラリに関数が用意されています。クイックソートは qsort()（キューソート）、二分探索は bsearch()（ビーサーチ）という名前の関数になります。ここでは、それらの使い方を紹介しましょう。

両者とも並べ替えられるのは配列だけで、リンクリストでは使えません。また、使用するにはプログラムの先頭に #include <stdlib.h> の記述が必要です。

qsort() 関数の呼び出しは下のようになります。実行すると配列の要素が並べ替えられます。

```
qsort(nums, 4, sizeof(int), compare);
```

nums：配列の先頭アドレス
4：配列の要素数
sizeof(int)：１要素ぶんのバイト数
compare：比較関数

bsearch() 関数は、データが見つかった場合にその配列要素へのポインタを返し、見つからない場合は NULL を返します。

```
int *p;
p = (int *)bsearch(&x, nums, 4, sizeof(int), compare);
```

(int *)：bsearch の戻り値を int 型のポインタにキャストします
&x：探すデータの格納アドレス
nums：配列の先頭アドレス
4：配列の要素数
sizeof(int)：１要素ぶんのバイト数
compare：比較関数

両方とも比較関数のアドレス（→第４章コラム）を必要としています。比較関数とは、１回ぶんの比較処理を定めた関数です。qsort() や bsearch() が、どんなデータにも対応できるように、ユーザーが設定できるようになっているのです。次に、int 型のデータを昇順に整列させるときの例を示しました。降順にするときは不等号の向きを逆にします。

```
int compare(const void *a, const void *b)
{
    int x = *((int *)a);
    int y = *((int *)b);

    if(x > y)          return 1;    /* *a > *b のとき ･･･ 正の値を返す */
    else if (x < y)    return -1;   /* *a < *b のとき ･･･ 負の値を返す */
    else               return 0;    /* *a = *b のとき ･･･0 を返す */
}
```

a、b は比較される各要素を指しています。void 型のポインタを int 型にキャストして、ポインタが指す値を求めます。

比較関数の用意が少し面倒ですが、クイックソートや二分探索を記述するよりも短いですし、正しく動くことが保証されていますので、これらの関数を使うことをお勧めします。

# 9

# 付録

# プログラムでつまったら

**プログラムを作っているとさまざまな困難に突き当たるものです。そんなとき、どのようにすれば状況を打破できるのでしょうか。**

プログラムにつまったら、まず自分が何につまずいているのか知ることが先決です。初心者はとかく「何がわからないかがわからない」ということが多いので、最初にわからないことをはっきりさせましょう。次に初心者が陥りやすいパターンを挙げてみます。

### ≫どこから手をつけてよいのかわからない：設計の段階

複数のプログラマで取り組むような大規模なソフトウェアの設計も大変ですが、プログラミングの経験が浅い初心者にとっては、プログラムの構成をどうするか、データ形式をどう決めるかも一大事でしょう。もちろん、本書ではそのような最初の一歩のところで迷わないように配慮したつもりですが、限られた紙面では到底すべてのパターンを網羅できるはずはありません。もし、そばに頼れる人がいるなら、おおよその方針のヒントをもらうのがよいでしょう。そのような人がいない場合は、書籍やWebから似たようなことをしているサンプルプログラムを入手し、その手法をマネしてみるのがよいと思います。そうやって吸収したちょっとしたアイデアを自分のものにしていけば、理にかなったきれいなプログラムを書けるようになるでしょう。

### ≫どのようにプログラムを組めばよいのかわからない：アルゴリズムを考える段階

何となく作る手順がわかったとしても、具体的にプログラムコードにしていくとなるとなかなか難しいものです。本書は、アルゴリズムの本であり、第7～8章で比較的難しいトピックスも解説していますが、実際の場面で必要になるのは、第3章で出てきたような小さなトピックスの積み重ねがほとんどです。

いざコーディングの段階になってプログラムの流れがひらめかない場合でも、まず落ち着いて、すでにわかっていることと、これから求めたいことをはっきりさせてください。そして、おおまかな手順を考え、そのひとつひとつのステップについて、さらにわかっていることと求めたいことを決めていきます。このような作業を繰り返していくと、たいていは本書で紹介したような単純な処理に行き着けるはずです。こうして普段からプログラミングに親しんでいれば、多少複雑な処理でもすぐに道筋が見えてくるようになると思います。

なお、本書で扱っている範囲は、アルゴリズムという学問からすれば、初歩の初歩にあたります。今後、高度なアルゴリズムが必要なときは、その都度、専門書をひもとけばよいでしょう。

### »どう書けばよいのかわからない：コーディングの段階（文法、アーキテクチャ）

単語を知らなければ英語を話せないのと同様に、関数や宣言などの文法を知らなければプログラムは書けません。しかし、文法だけ知っていてもプログラムは書けません。英語の場合は日本語に対応する単語を並べるだけでも意味が通じますが、コンピュータの文法はその言語固有の概念と結びついているため、概念の理解なしには書けないのです。たとえば、C言語でポインタを知らずに`malloc()`関数は使えません。まず、文法がわからないのか、概念がわからないのかをはっきりさせてください。

もし、概念も含めてわからないのであれば、入門書（またはそのようなWebページなど）を読むのがよいでしょう。言語には特有のセオリー（定石）もありますが、そのようなことも同時に学べると思います。概念の理解が特に足りないようでしたら、本書の姉妹本である『Cの絵本 第2版』や『Javaの絵本 第3版』（ともに翔泳社刊）がお役に立つと思います。

もし、文法を確認したい程度であれば、辞書的に引ける資料が役に立ちます。もっとも、最近はC++やJavaなど文法が似通ったものが増えてきており、ベースとなる言語をしっかりと習得しておけば、一から学習する必要は少なくなっています。実際、ある程度経験のある人なら、「C++が書ければJavaも書ける」といわれるくらいです。

ちなみに、ウィンドウ表示を行うWindows用のアプリケーションなどは、それが動く環境用に特化したプログラムにする必要があります。そのようなときは、そのための入門書などでそのしくみ（アーキテクチャ）と作り方を学ぶ必要があります。

### »コンパイルできない：コンパイルの段階（文法、アーキテクチャ）

コーディングが終わり、とりあえずコンパイルしてみると、誰しも数カ所から数十カ所の誤りが見つかるものです。エラーメッセージを参考に間違っている箇所を順に修正していきましょう。何回見直してもコンパイルが成功しないとなると、根本的に文法の理解が間違っているかもしれませんので、もう一度文法を確認してみましょう。エラーメッセージの意味については、コンパイラの説明書をよく読んでください。

C言語の場合は、1カ所でも文法のミスがあると、それ以降に誤りがなくても連鎖式にエラーという報告が表示されます。まず最初のミスを直して何回もやってみるのがよいでしょう。ミスがある箇所の行番号も教えてくれますが、必ずしもその行にあるとは限りませんので、前後の行も併せて見直してみましょう。

### »うまく動かない：デバッグの段階

ここまでは初心者にありがちな話題を取り上げてきましたが、実際に実行してみたらうまく動かなかったということは、程度の差こそあれ、ベテランプログラマでも必ず直面する問題です。ここから先は、人に聞くという方法もありますが、できるだけ自分の力で進み、経験を積んでいったほうがよいと思います。急にそんなことをいわれても途方に暮れてしまうかもしれませんね。では、デバッグの手法をざっと紹介します。

まず、どこまで正しく動いているかを確認します。それには、`printf()`関数などで進捗状況や変数の値を表示させてみたり、ソースコードの一部を制限したりして確かめるのがよいでしょう。また、少し上等な開発環境ですと、デバッガーというツールがついています。デバッガーを使えば、実行を一時停止させることや、変数の内容を簡単に知ることができて、デバッグ作業をスムーズに進められます。以上のような方法で、思ったとおりに動いていない箇所を特定してください。

さて、まずいところがわかったところで、五合目といったところです。次に、「なぜそうなるのか」を調べます。先ほどの手法を繰り返し、さらに深く状況を把握するとともに、想像力、推理力を働かせて、「コンピュータの中で何が起きているか」を考えていってください。この謎が解明されてしまえば頂上は目の前です。それからの作業は普通のコーディングと同じです。

高度なプログラムでは、再現性が低い、タイミングによって結果が異なる、特定の環境下でしか起こらないなど面倒な不具合が出て、原因を特定するのがさらに困難になります。完全に解明して根本的な対策を講じるのが一番ですが、最後の手段として、応急処置にとどめておくこともあります。

## ≫まとめ：サンプルコードを読むときのアドバイス

これまで、いろいろな事例を見てきましたが、この中で出てきたトピックとして、サンプルプログラムを読むということがあります。他人の書いたコードや書籍に載っているサンプルプログラムは、プログラミングを進めるうえでたいへん役に立つものです。特に、正常に動作するコードは、少なくとも同じことをやれば実現できることを保証してくれます。最後に、サンプルコードを読むときのアドバイスをしたいと思います。

まず、コードを何回も読んで目を慣らしましょう。最初のうちはわからなくても、穴の開くほど眺めていれば、きっとそのうち見慣れてきます。C言語の場合は、プログラムをかなり省略して書けるので、ちょっとやっかいです（たとえば、`s[n]; n++;` と書くところを、`s[n++];` とまとめたりできます）。昔は難しく書いたものを間違いなく読み解くのが一種のステータスでしたが、プログラマ人口が増えた昨今、わかりにくい記述方法は敬遠される傾向にあります。とはいえ、そのようなコードもまだ多数存在しますので、信頼できる書籍を傍らに置いて、注意深く意味を考えながら進めていきましょう。できれば、実際に動きを確認しながら見ていくとよいと思います。

Web や書籍に載っているサンプルコードは長いものも少なくありません。どのくらいのソースコードが大きいと感じるかというのは、人により異なると思いますが、大きいプログラムでは枠組みと全体の流れを把握することが理解への近道になります。画面で眺めているだけでは、断片的にしか見られませんので、少し小さめに印刷して机の上に並べてみたりするとよいでしょう。そして、それに自分なりのメモを書き込んでいき、「自分のプログラム」にしていくのです。

他人のコードを見ると、注釈を交えてわかりやすいコードを書くことの重要性がわかると思います。これを怠っていると、自分が過去に書いたプログラムを読むときに、しっぺ返しを食らうことになります。自分自身のためにも気をつけたいものです。

# プログラミングの心得

効率的にプログラミングを進めるための心得を伝授しましょう。

## その1． 集中して書く

普通の勉強もそうですが、プログラミングにおいて大事なのはプログラムを書いている時間ではなく、その中で集中した時間がどれだけあったかです。ただし、集中して書いたコードはあとでわからなくなることが多いので、必ず注釈を残すようにしましょう。

## その2． わからないところで止まらない

わからないところばかりにこだわっていても仕方ありません。とりあえず後回しにして他のところに手をつけたり、散歩や体操をしてみるくらいの心の余裕を持ちましょう。しばらく経ってから見てみると、意外と簡単に解決することがあります。

## その3． コーディングばかりやらない

プログラミングはコーディングとデバッグの繰り返しです。デバッグして、問題が次々に解決し、思いどおりに動くのが楽しいところではないでしょうか。コーディングと動作テストをバランスよく取り混ぜたほうが能率があがります。

## その4． 妥協しない

コンピュータは忠実なので、こちらがいい加減なプログラムを作れば、いい加減にしか動きません。時間的制約などがあるかもしれませんが、あとで困らないように、細かいところも完璧を目指すように心がけましょう。

## その5. プライドを持つ

「絶対、人には負けない」という心意気は向上心を生みます。行き過ぎて高飛車になっている人も見かけますが、プライドがなさ過ぎるのも困りものです。「自分は向いてない」と落ち込むような人は自分にもっと自信を持ちましょう。

## その6. 恥ずかしがらずに聞く

わからなくて悩んでいる時間ほど無駄なものはありません。考えるだけ考えてわからなければ、素直に先輩などに質問するようにしましょう。プライドが高すぎたり、人と話すのが苦手だったりして聞かないでいると、結局自分が損をします。

## その7. 健康に気をつける

プログラミングは意外に気力を消耗する作業です。健康に問題があったり、睡眠が足りていなかったりすると集中力が切れて能率が上がりませんし、体調が悪くなることもあります。普段から規則正しい生活と十分な栄養と睡眠を心がけましょう。どうしても眠いときは 10 分くらい仮眠をとると頭が冴えて効果的です。また、体調が悪いときには、無理をせずゆっくり休みましょう。

## その8. 周りの意見を聞く

でき上がったプログラムを周りの人にも見せて、意見を求めましょう。いつも自己満足だけで完結していたら進歩がなくなってしまいます。辛らつな意見はあなたを強くし、誉め言葉や賞賛はあなたに自信を与えるはずです。なるべく多くの人の意見を聞き、自分以外の人にも満足してもらえるプログラムを目指しましょう。

# Visual Studio のインストール

**無償の開発者向けツールである Visual Studio Community 2017 のダウンロードとインストールの手順を説明します。**

## Visual Studio 2017 とは

Visual Studio はマイクロソフトが提供するプログラムの開発ツール（統合開発環境／ IDE）です。C#、C++、Visual Basic、HTML、JavaScript など、さまざまなプログラミング言語を利用して、Windows 用のアプリケーションや Web アプリケーションを開発することができます。さらに最新版である Visual Studio 2017 では、Windows だけでなく iOS や Android、Linux の各 OS 上で動作するプログラムも作成できるようになっています。

なお、Visual Studio 2017 では、開発の規模や用途に合わせていくつかのエディション（版）が用意されています。ここではそれらのエディションのうち、「**Visual Studio Community 2017**」のダウンロードとインストールの方法を紹介します。Visual Studio Community は個人の開発者や学習・研究を目的とした組織、開発者 5 名以下の中小企業などに限って無償でダウンロード、利用できるエディションです。エディションごとにライセンス条項や料金が異なりますので、ダウンロードの前によく確認するようにしてください。

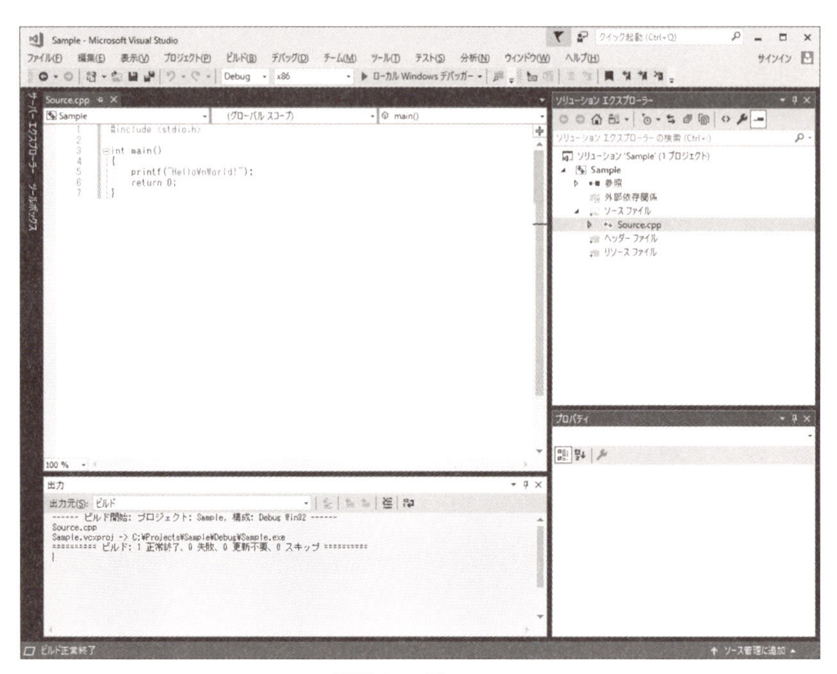


Visual Studio Community 2017 の画面イメージ

# Visual Studio 2017 のインストール

本書では執筆時点（2018 年 11 月）の URL および Web デザインに従って解説を進めます。

### »インストーラーのダウンロード

まず、マイクロソフトの Web サイトからインストーラーをダウンロードしましょう。

```
https://visualstudio.microsoft.com/ja/downloads/
```

上記の Web サイトにアクセスすると次の画面が表示されます。

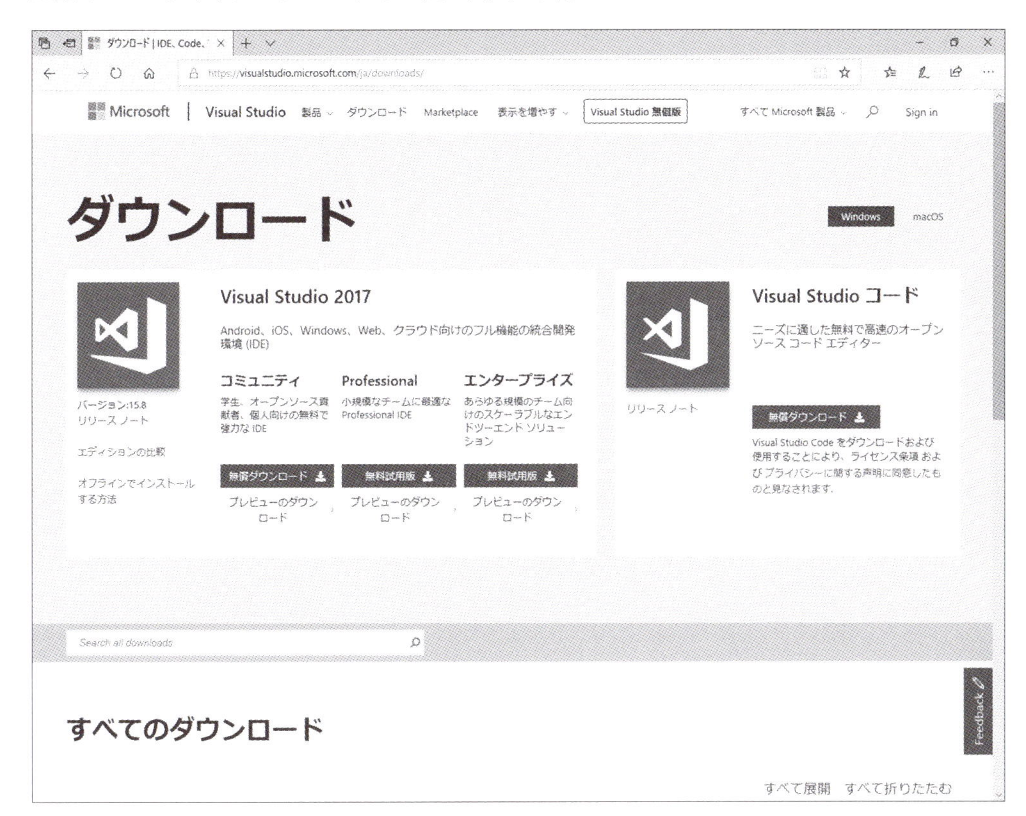

ページ下方の製品一覧から［Visual Studio 2017］を選んでクリックします。

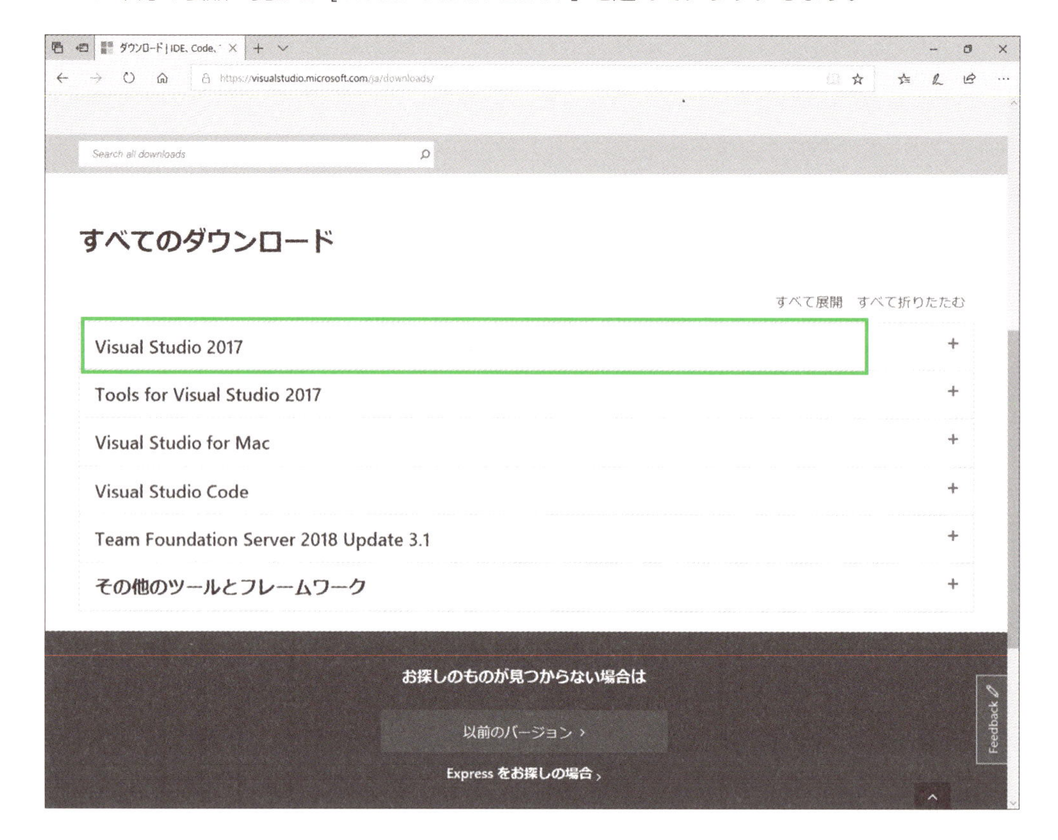

展開されたメニューから [Visual Studio Community 2017] を探し、[ダウンロード] をクリックするとダウンロードが始まります。

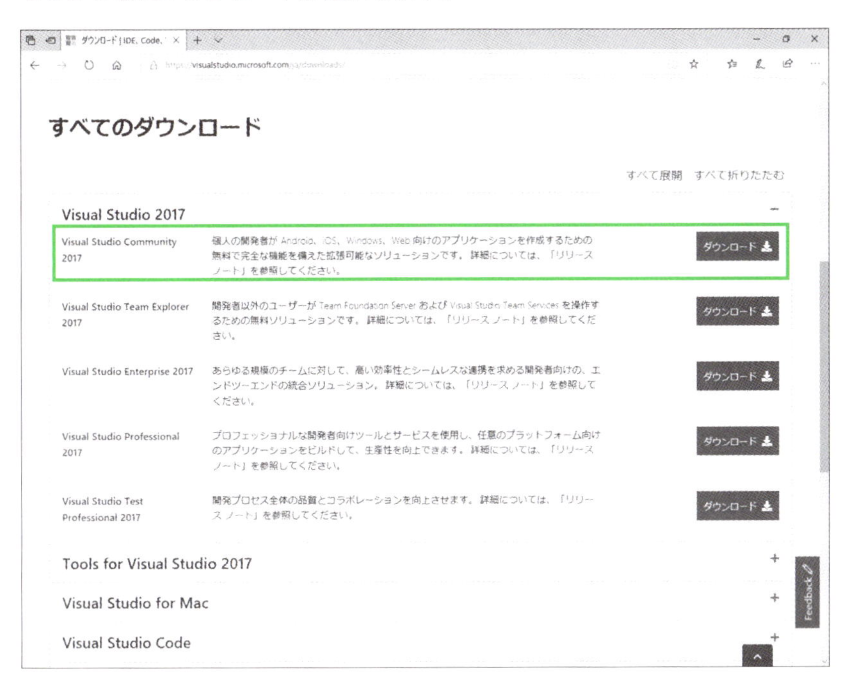


## ≫インストール

ダウンロードが完了したら、インストーラーを実行します。

最初に、Microsoft のライセンス条項とプライバシーに関する声明の確認を求められます。[続行] をクリックします。

インストールする機能を選択する画面が表示されるので、[C++ によるデスクトップ開発 ] にチェックを入れてください。インストールの場所を確認し、[ インストール ] をクリックします。C++ は C言語との互換性があり、[C++ によるデスクトップ開発] で C言語のソースコードをコンパイルすることができます。

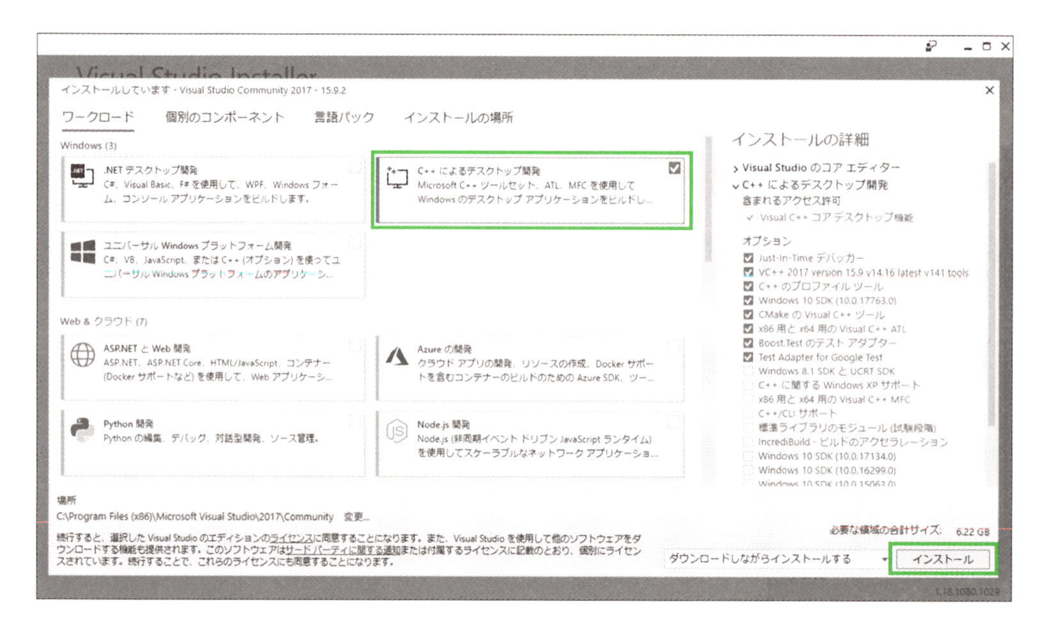

[ユーザー アカウント制御] ダイアログボックスが表示されたら、[はい] をクリックしてください。

インストールが始まります。環境によってはしばらくかかることもあります。

インストールの完了です。

### »最初の起動

インストール後、または Visual Studio Community 2017 の初回起動時には、次のような Visual Studio へのサインイン画面が表示されます。サインインすると、製品の登録が完了して 30 日の評価期間の制限が解除されたり、カスタマイズした設定を複数の PC 間で同期したりできるようになります。

サインインは後でも行えるので、ここでは [後で行う。] をクリックして先に進みます。

[開発設定] と [配色テーマ] を選択します。この設定は後から変更できます。すぐに変更する必要がなければ、デフォルトの設定のまま [Visual Studio の開始] ボタンをクリックします。

Visual Studio Community 2017 が起動します。

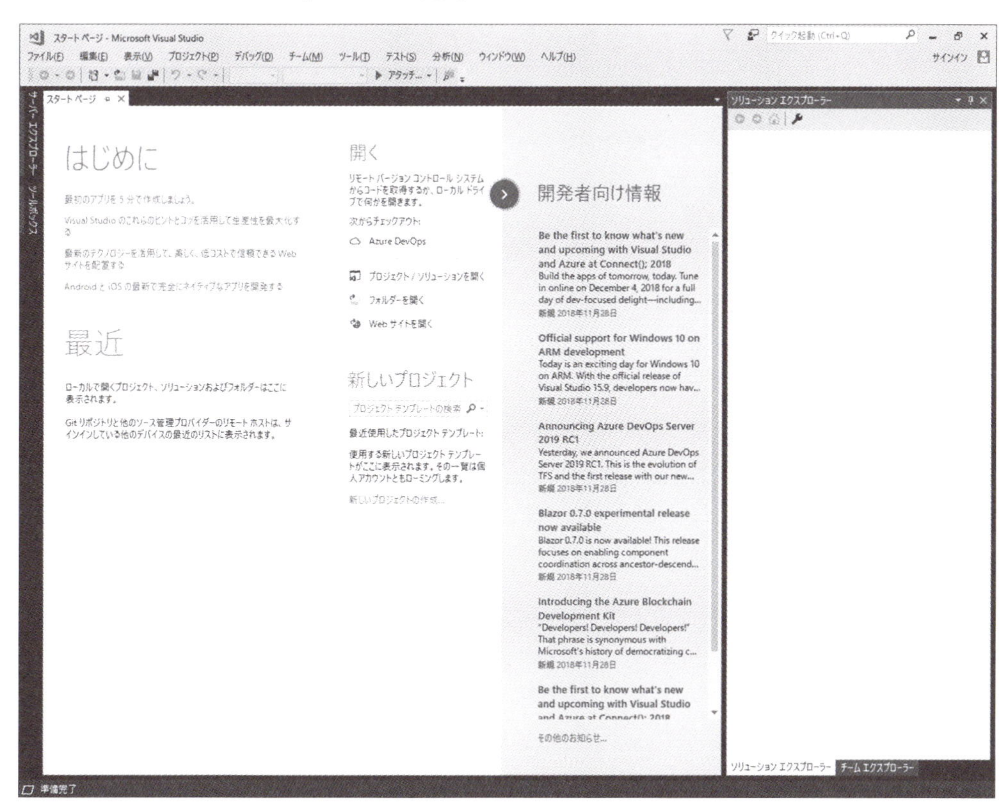


次回からは［スタートメニュー］に登録されているアプリケーション名をクリックして、Visual Studio Community 2017 を起動します。

# Visual Studio を使った開発

**Visual Studio は、さまざまなツールを含む統合開発環境（IDE）で、これだけでプログラムの編集、コンパイル、デバッグ、実行ができます。**

## プロジェクトの作成

Visual Studio でプログラムを作成するには、まず「プロジェクト」を用意します。
1 つのプログラムは、複数のソースファイルからできていることが多いのですが、これらのファイルを管理する単位が、プロジェクトです。
Visual Studio を起動したら、メニューの [ファイル] - [新規作成] - [プロジェクト] を選択します。表示されたダイアログで [Visual C++] - [Windows デスクトップ ] - [Windows デスクトップウィザード] を選びます。[名前] にはプロジェクトの名前（実行ファイルの名前にもなる）を指定し、必要であればプロジェクトを作成する [場所] を修正して、[OK] をクリックします。

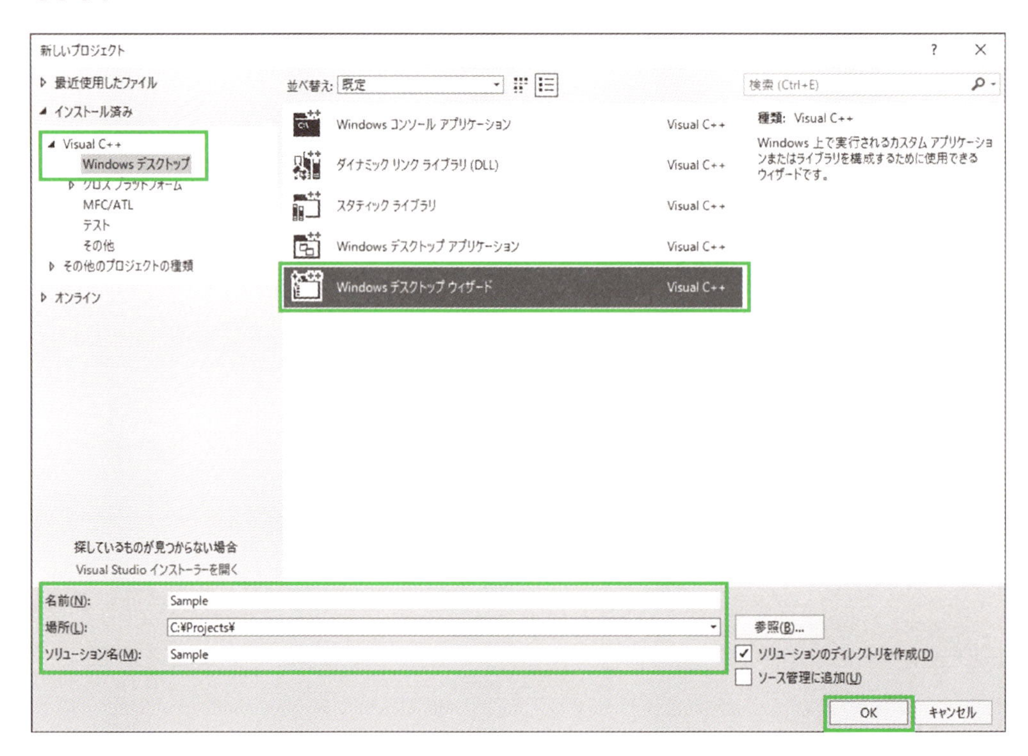

アプリケーションの種類と設定を選択するダイアログボックスが表示されるので、[アプリケーションの種類] が [コンソールアプリケーション (.exe)] になっていることを確認します。
[追加のオプション] の [空のプロジェクト] をオンにし、[プリコンパイル済みヘッダー] と [セキュリティ開発ライフサイクル(SDL)チェック] をオフにして、[OK] をクリックしてください。

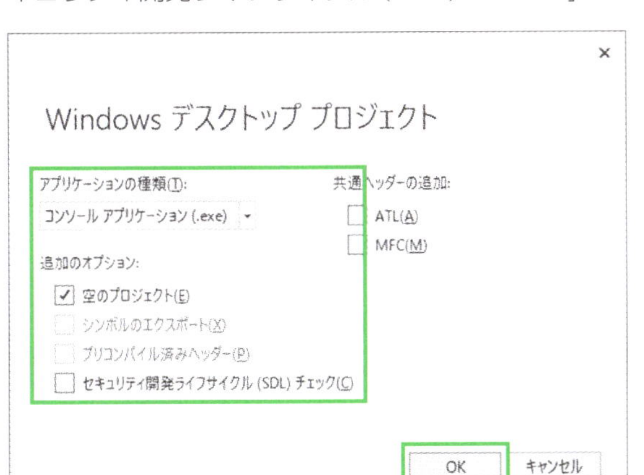


空のプロジェクトでなくても構いませんが、余計な機能がついてしまいます。

ウィザードを完了すると、指定されたフォルダーにプロジェクトが作成され、次のような画面になります。

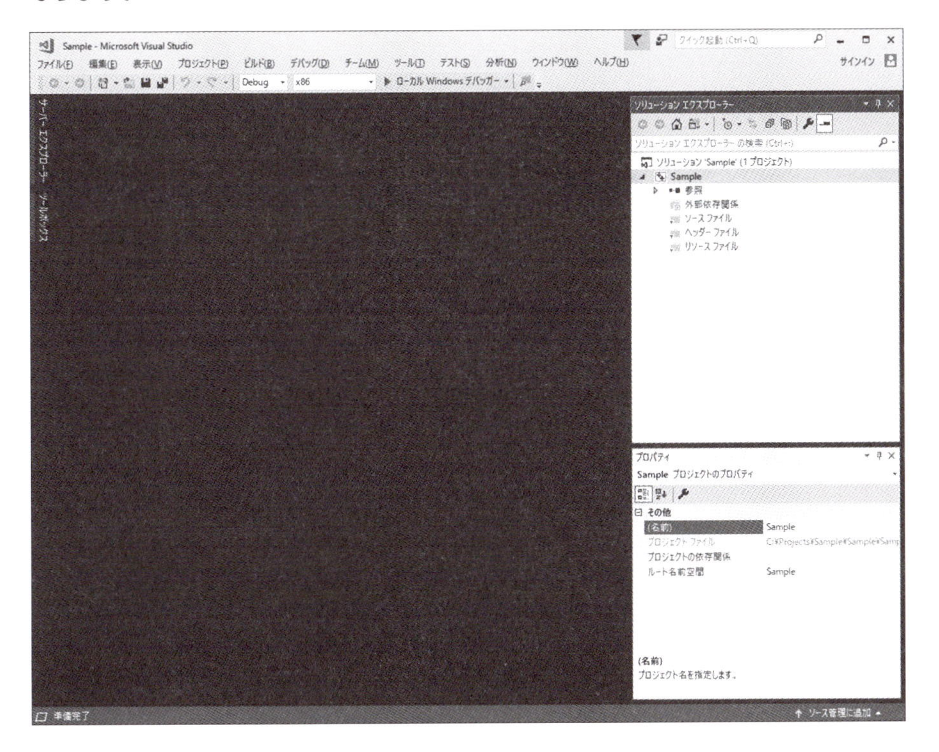

Visual Studio では、作業の単位を「ソリューション」と呼んでいます。1 つのソリューションでは複数のプロジェクトを扱うことができます。今回のようにプロジェクトを作成した直後は、ソリューションが 1 つ、プロジェクトが 1 つ、ソースファイルはなしという状態になっています。次回、プログラミングを再開する際は、メニューの [ファイル] - [開く] - [プロジェクト / ソリューション] で、目的のフォルダーのソリューションファイル（*.sln）を開きます。

## ソースファイルの追加

次のステップとして、プロジェクトに C のソースファイルを追加します。ソースファイルを新しく作るには、[ソリューションエクスプローラー] のプロジェクト名を右クリックして、コンテキストメニューから、[追加] - [新しい項目] を選びます。

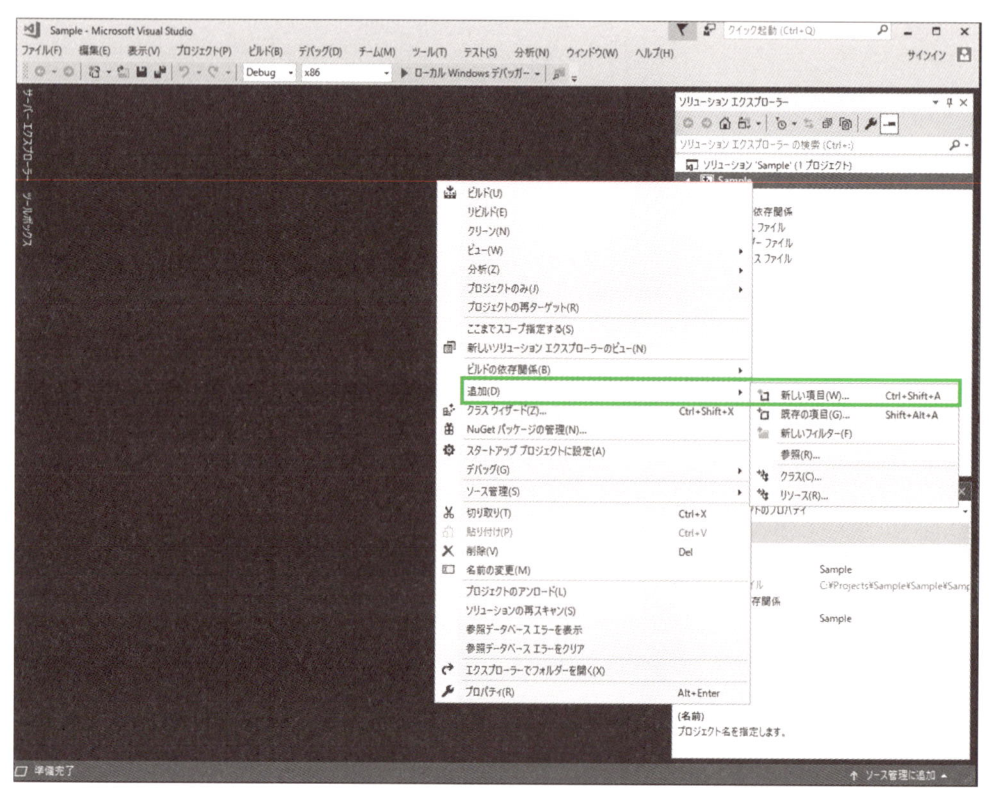

[新しい項目の追加] ダイアログボックスの [Visual C++] から、[C++ ファイル] を選択します。ファイル名を入力し、[追加] をクリックすると、プロジェクトに新しいファイルが追加されます。

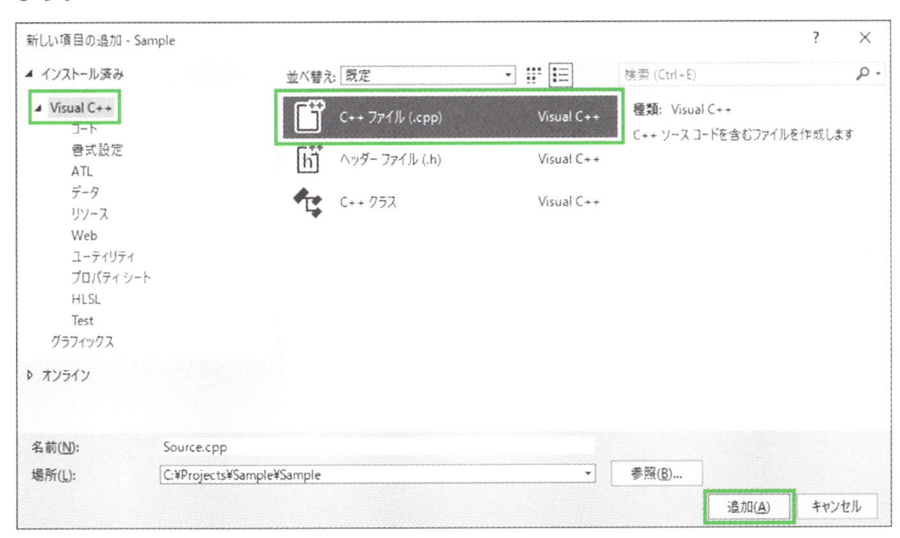


ソースファイルを追加すると、そのファイルが開いた状態になります。追加されたことはソリューションエクスプローラーウィンドウで確認できます。

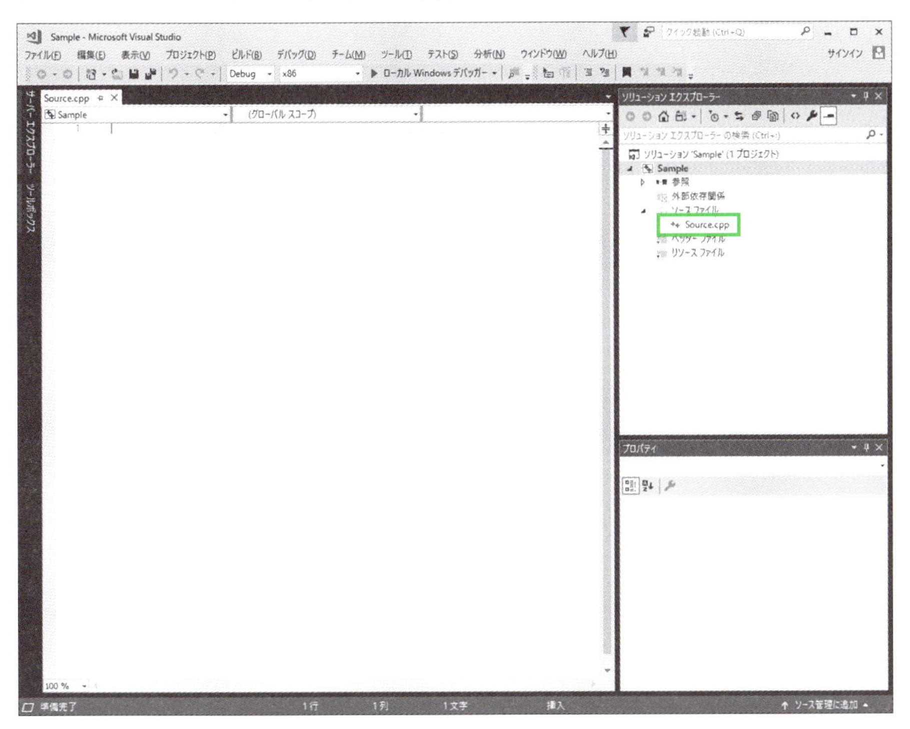

なお、すでにあるファイルをプロジェクトに追加したいときは、ソリューションエクスプローラーのプロジェクト名の部分を右クリックして、コンテキストメニューから、[追加] - [既存の項目] を選びます。

## プログラムの編集・ビルド・実行

追加したファイルの中に、プログラムコードを記述していきます。記述が終わったら、メニューの [ビルド] - [ソリューションのビルド] を選んで、プログラムをビルドします。

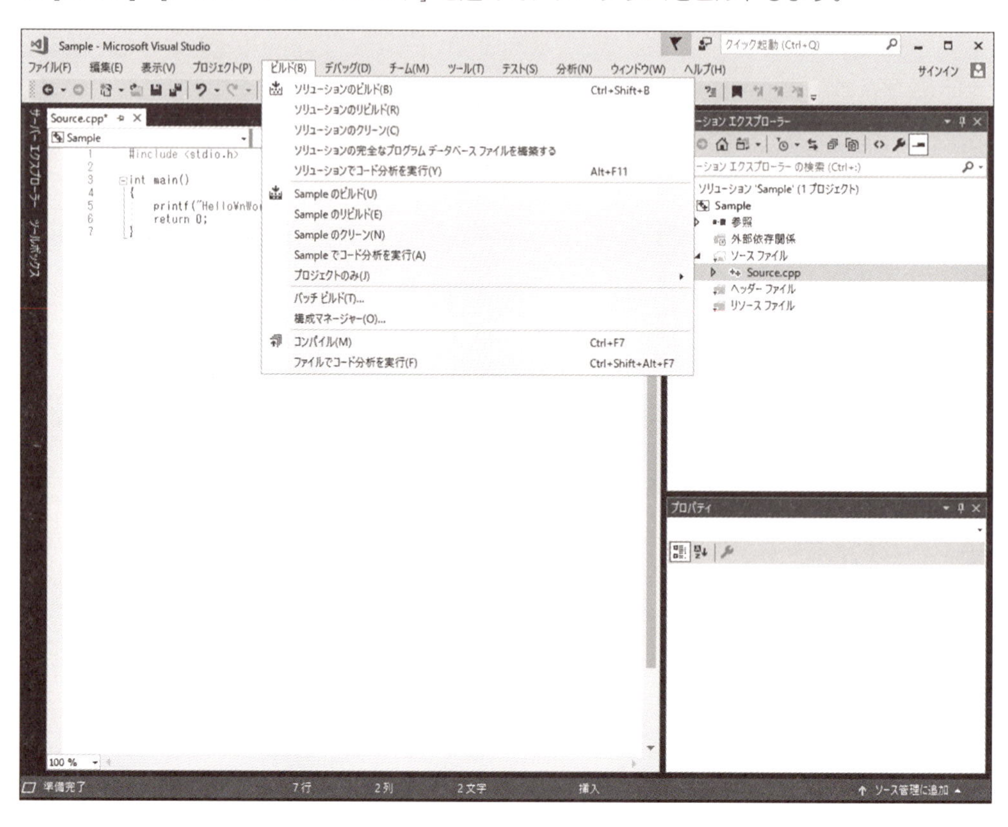

プログラムが正しければ、[出力] ウィンドウに「1 正常終了」と表示されます（「正常終了した処理が 1 つ」という意味です）。もしエラーがあれば、[エラー一覧] のウィンドウがアクティブになり、エラーの内容が表示されます。また、エラーでなくても、文法的に推奨されない記述があると、警告として報告されます。

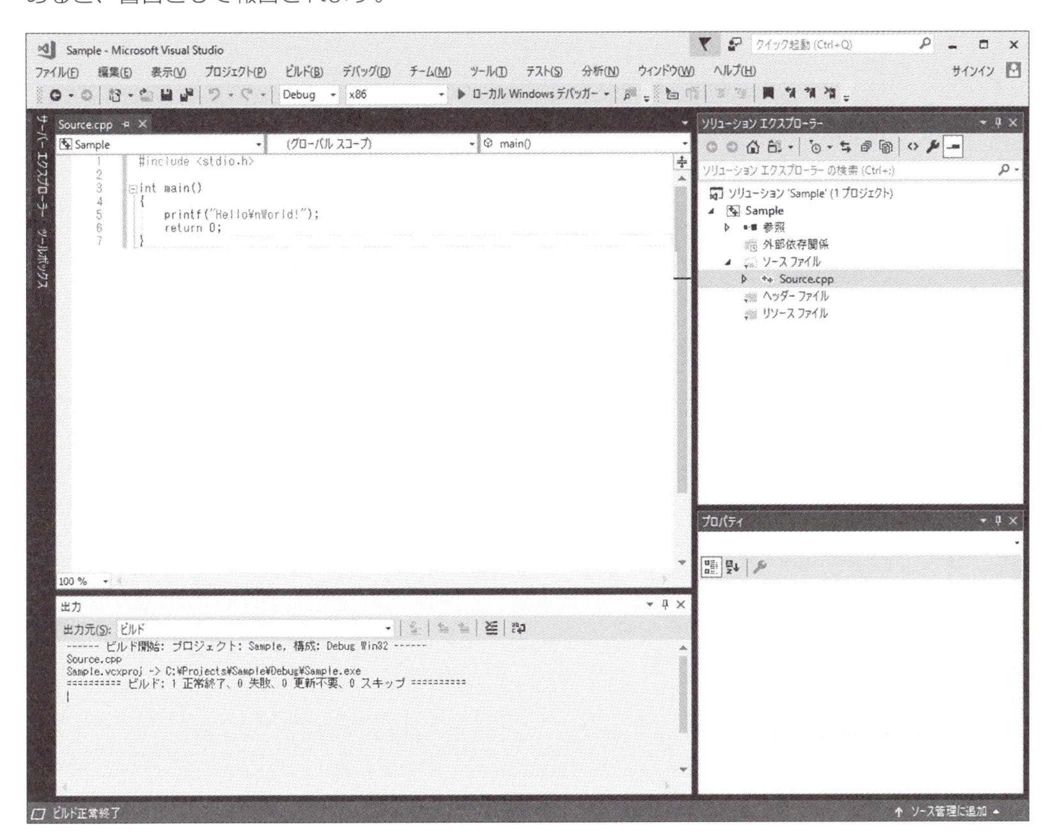


ビルドが成功したら、プログラムを実行できます。メニューから [デバッグ] - [デバッグなしで開始] を選ぶと、デバッグコンソールが開き、その中でプログラムが実行されます。プログラムが終了すると、「このウィンドウを閉じるには、任意のキーを押してください . . .」と表示されるので、何かキーを押すとデバッグコンソールが閉じます。

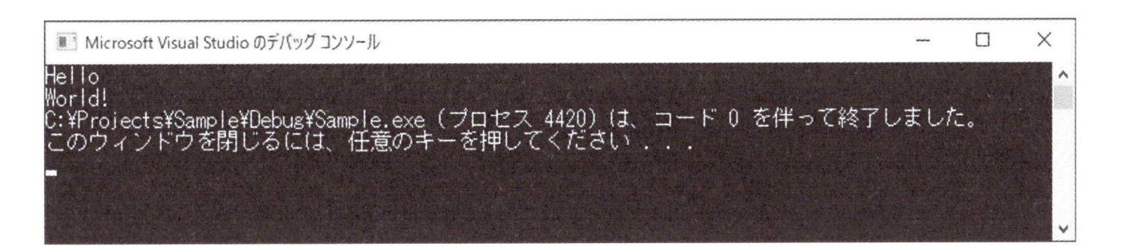

## コマンドプロンプトからのプログラムの実行

Visual Studioは、先ほど指定したプロジェクトの［場所］のDebugディレクトリの下に、実行ファイルを作ります。たとえば、プロジェクトが「C:¥Projects¥Sample」にあれば、「C:¥Projects¥Sample¥Debug」に実行ファイル「Sample.exe」を作ります。Sample.exeを実行するには、Windowsのスタートメニューをたどって、［コマンドプロンプト］を開き、「Sample.exe」を実行します（エクスプローラーから直接実行しても構いませんが、結果を表示する間もなく、すぐに終了してしまいます）。なお、ファイルを扱うプログラムでは、実行するディレクトリの位置にも気をつけてください。

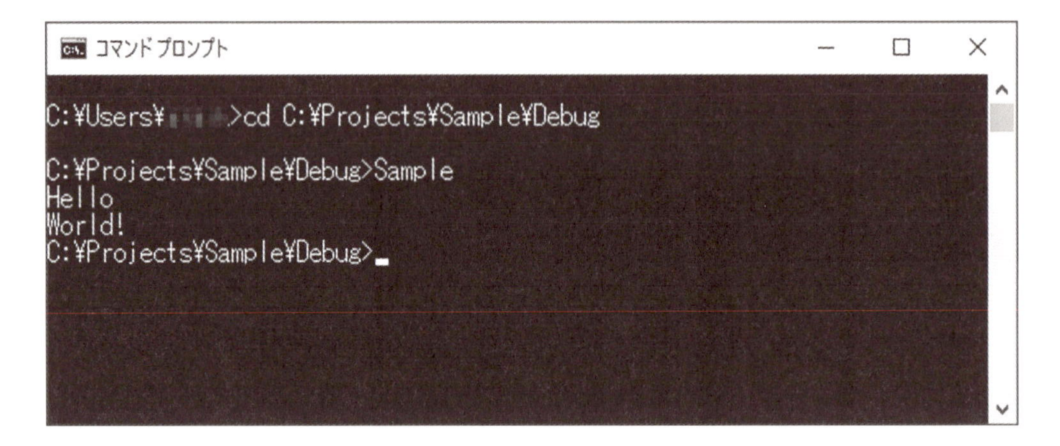

# コマンドプロンプトでの開発

今までは、Visual Studio の IDE を使ってプログラミングする方法を見てきましたが、IDE を使わずにプログラムをビルド·実行することもできます。そのときは、好みのテキストエディタでソースファイルを編集し、「開発者コマンドプロンプト for VS2017」からコンパイルを行います。「開発者コマンドプロンプト for VS2017」は、スタートメニューの［Visual Studio 2017］フォルダーの中にあります。
コマンドプロンプトでのコンパイルでは、「cl.exe」というプログラムを使います。この cl.exe こそコンパイラ本体です。Source.cpp というファイルをコンパイルするには、コマンドプロンプトで Source.cpp のあるフォルダーに移動し、

```
cl Source.cpp
```

と入力すれば、同じフォルダーに実行ファイル Source.exe が作成されます。

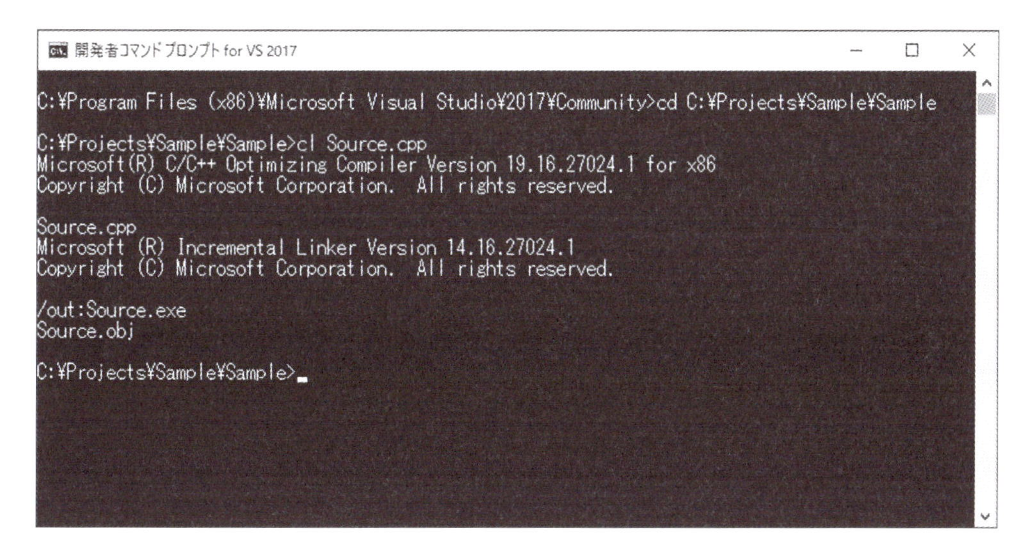


プログラムを構成するファイルが複数ある場合は、メイクファイルという、ソースファイルの構成内容が記述されたファイルが必要になりますが、本書では割愛します。

# 一般的なデバッグ手法

**プログラムにはバグ（間違い）がつきものです。プログラムが思ったように動かないときは、バグを取り除く、デバッグという作業を行います。**

## エラーの種類

プログラミングをしていて、最初に突き当たる壁がコンパイル時のエラーです。プログラムがコンパイルできない原因としては、文法が間違っていること（シンタックスエラー）、コンパイルの方法が正しくないことなどが考えられますが、どの部分が間違っているかはコンパイラが指摘してくれます。ただ、Cのコンパイラが出力するエラーメッセージは、よくも悪くも「流れ作業的」で、1カ所間違いがあるだけでも、それ以降で整合性が取れないと、その都度メッセージを表示してしまいます。エラーメッセージがたくさん表示されたときは、あわてず、どのメッセージが本質的なものなのかを見極めて修正する必要があります。

さて、コンパイルできたからといって正しいプログラムができたというわけではありません。最も苦労するのはプログラム実行中の不具合です。バグといえば、通常はこちらを指します。バグには、プログラムが止まってしまうもの（ランタイムエラー）、止まらないがプログラムの動きがおかしいもの、動作は思ったとおりでも、間違った結果を出しているものなどいろいろな種類があります。

たとえば、「i = 3;」は、変数 i に値 3 を代入する文ですが、この文の等号 (=) を間違えて 2 つ書いてしまったとすると、「i == 3;」となり、i と 3 が等しいかどうか比較する式になります。比較を行う式をそれだけで書いても意味はありませんが、文法的には正しいので、コンパイラはエラーを出しません。結局、意図していた「i に 3 を代入する」という処理が行われないプログラムができてしまいます。

## バグ発見のヒント

プログラムのバグを発見するには、まずソースプログラムをじっくり読むことが基本です。自分の考えた処理が思ったとおりに記述されているかどうか、もう一度確認しましょう。しかし、それでもわからないときは、プログラムがどのように動作しているのかをよく調べる必要があります。

以降では、デバッグでよく使われるいくつかの手法について、その目的と方法を解説していきます。

### ≫処理を分割する

C 言語では式や文の記述が非常に柔軟になっていて、工夫次第で凝ったものを作ることもできますが、バグの温床になることもありますので、ある程度分けて書くようにしましょう。エラーのときも、その位置が特定しやすくなります。式の意味がわかりにくい、演算の優先順位がはっきりしないなどのときは、カッコをつけたり、一度変数に代入したりすると、意味がはっきりし、読みやすくなります。

### ≫結果や途中経過を表示する

プログラムをただ実行したのでは、バグがあることはわかっても、原因まではなかなかわかりません。そこで、ソースプログラムに、本来は必要ない「printf(" 実行されました。¥n");」といったコードを挿入すれば、その部分がいつ実行されるのかがわかります。さらに、変数の値を表示するようにしておけば、その時点での変数の値を調べることができます。画面の出力内容やタイミングにシビアなアプリケーションでは、ログをファイルに残すのも有効な方法です。

### ≫関数ごとに実行する

C 言語での処理の単位は関数なので、関数をテストすることは多いはずです。関数にさまざまな引数を与えて、戻り値を調べれば、その関数が正常に動作しているかどうかがわかります。プログラムを一時的に書き換えて目的の関数がすぐに実行されるようにするとよいでしょう。別のテスト用プログラムを作り、そこからテストしたい関数を呼び出すのもよいでしょう。

### ≫処理の流れを限定する

バグの潜んでいる場所を探すときは、条件分岐が邪魔になることがあります。条件分岐は状況に応じて動作が変わるので、バグがわかりにくくなるのです。このような場合は、条件式を書き換えてしまうのもひとつの方法です。この方法は、滅多に実行されない部分をテストするのに有効です。

### ≫データ構造を推測する

複雑なアルゴリズムやデータ構造を持ったプログラムでは、バグの箇所とはまったく関係のないところで異常な動作をすることもあります。そんなときは、頭を働かせて、「この部分のメモリはどのように使われているだろう？」と考えてみます。実際のところ、配列の範囲外の要素を参照したり、ポインタが間違ったところを指していたりしてエラーになっているケースが多いのです。このようなバグを見つけるのは困難ですが、ある程度高度なプログラムの不具合の中ではありがちなものです。

# Visual Studio のデバッガー

具体的なデバッガーとして Visual Studio の例を見てみましょう。

## デバッガーの利用

ここまでは、ソースプログラムを変更してデバッグする方法を紹介してきました。これは、いわば自力でバグを見つけるための方法です。しかし、大きなプログラムになってくると、バグの発見やソースコードの書き換えが非常に大変になってきます。
そこで、ツールの力を借りることにします。デバッグを支援するツールのことをデバッガーといい、コンパイラと並んでプログラムの開発には欠かせないものです。Visual Studio をはじめ、たいていの開発環境はコンパイラとデバッガーの両方を用意しています。

## ブレークポイントの設定

ソースプログラムの指定した位置でプログラムを一時停止することができます。ブレークポイントとは、その停止位置のことです。ブレークポイントを設定してプログラムを実行すると、その場所に来たときにプログラムが停止します。ソースプログラムの編集画面で直接ブレークポイントを設定することができます。ブレークポイントを設定するには、設定したい行にカーソルを移動し、「F9」キーを押します。もう一度「F9」キーを押すと、ブレークポイントを解除できます。ブレークポイントはいくつでも設定できます。プログラムを実行するときは、通常の「実行（！マーク）」ではなく、デバッグ実行（「F5」キー）を選んでください。

## 変数の表示と変更

プログラムを一時停止したときに、そのときの変数の値を参照することができます。printf( ) の挿入と同じ機能ですが、こちらはソースプログラムを変更することなく、好きな変数の値を表示させることができます。
ブレークポイントでプログラムが停止すると、「変数」ウィンドウが開き、停止位置に関連のある変数とその値が表示されます。変数の値を継続的に表示させたいときは、「ウォッチ」ウィンドウにドラッグ＆ドロップで追加することもできます。「ウォッチ」ウィンドウでは、変数の他にも自由に式を入力して、その値を表示させることができます。

## ステップ実行

ソースプログラムの1行ぶんずつプログラムを実行する機能です。この機能を使えば、プログラムが実際にどのように動作しており、どの時点で止まってしまっているのかを捉えることができます。変数の値を表示させておけば、変数の値の移り変わりを調べることもできます。条件分岐が多いプログラムなどで特に便利な機能です。
Visual Studio では、3種類のステップ実行ができます。

**ステップオーバー（「F10」キー）**

ソースプログラムの1行ぶんずつプログラムを進めます。

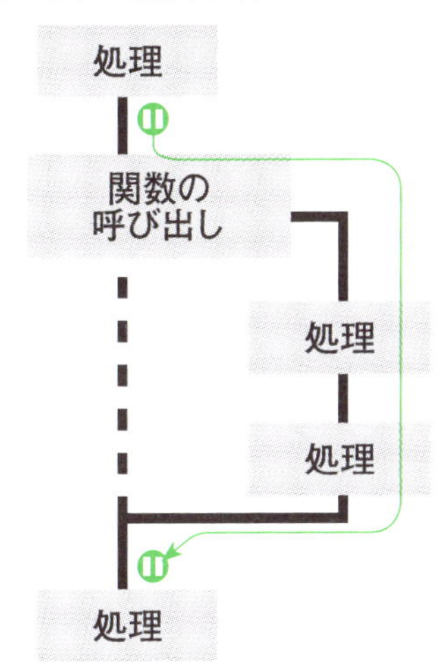


**ステップイン（「F11」キー）**

他の関数を呼び出しているとき、その関数の中に入っていきます。

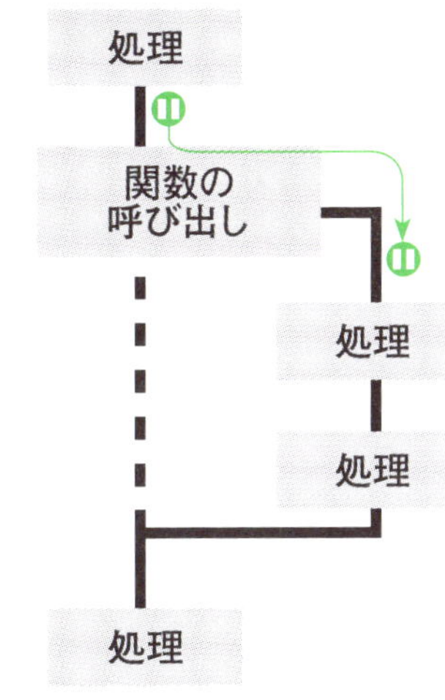


**ステップアウト（「Shift」+「F11」キー）**

現在実行中の関数を脱出します。

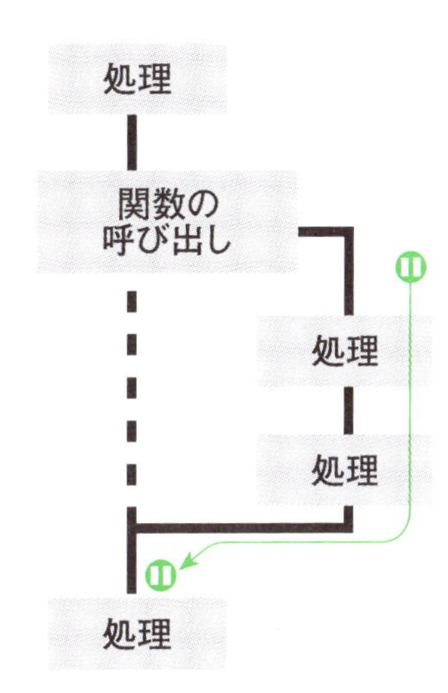


これらの機能は、デバッグウィンドウの中のボタンを押すことでも実行できます。

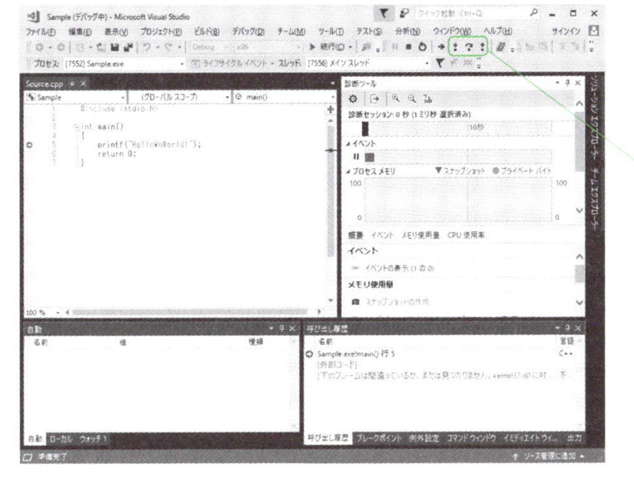

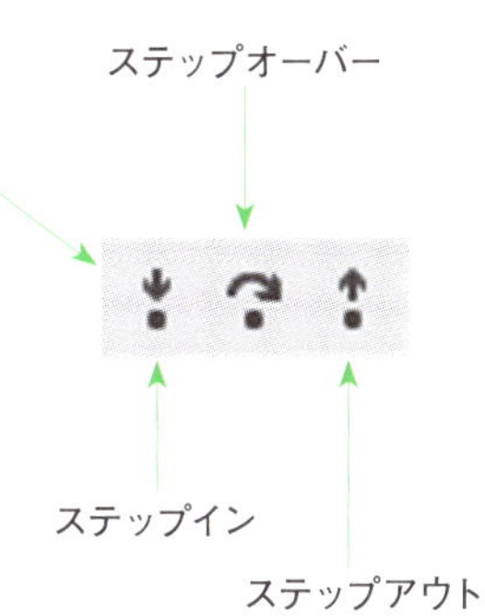

# Index

## た行



## な行

## は行



## ま行



## や行



## ら行

## [著者紹介]

株式会社アンク（http://www.ank.co.jp/）

ソフトウェア開発から、Webシステム構築、デザイン、書籍執筆まで幅広く手がける会社。著書に絵本シリーズ「『Cの絵本 第2版』『C++の絵本 第2版』『PHPの絵本 第2版』『Pythonの絵本』」ほか、辞典シリーズ「『ホームページ辞典 第6版』『HTML5&CSS3辞典 第2版』『HTMLタグ辞典 第7版』『CSS辞典 第5版』『JavaScript辞典 第4版』」（すべて翔泳社刊）など多数。

■書籍情報はこちら・・・・・・・http://www.ank.co.jp/books/
■絵本シリーズの情報はこちら・・・http://www.ank.co.jp/books/data/ehon.html
■翔泳社書籍に関するご質問・・・・https://www.shoeisha.co.jp/book/qa/

| | |
|---|---|
| 執筆 | 渡辺 彩夏、小林 麻衣子、高橋 誠 |
| 第2版制作 | 新井 くみ子、高橋 誠 |
| イラスト | 小林 麻衣子 |

| | |
|---|---|
| 装丁・本文デザイン | 坂本 真一郎（クオルデザイン） |
| DTP | 株式会社 アズワン |

**アルゴリズムの絵本** 第2版

**プログラミングが好きになる新しい9つの扉**

2003年　8月　4日 初版第1刷発行
2017年　6月　5日 初版第11刷発行
2019年　1月16日 第2版第1刷発行

| | |
|---|---|
| 著　者 | 株式会社アンク |
| 発行人 | 佐々木 幹夫 |
| 発行所 | 株式会社 翔泳社（https://www.shoeisha.co.jp/） |
| 印刷・製本 | 株式会社シナノ |

©2019 ANK Co., Ltd

本書は著作権法上の保護を受けています。本書の一部または全部について（ソフトウェアおよびプログラムを含む）、株式会社 翔泳社から文書による許諾を得ずに、いかなる方法においても無断で複写、複製することは禁じられています。

本書へのお問い合わせについては、ii ページに記載の内容をお読みください。

乱丁・落丁はお取り替えいたします。03-5362-3705 までご連絡ください。

ISBN978-4-7981-5937-9　　Printed in Japan